Axverdi Axverdiyev

Problemas globais da geotectónica

Axverdi Axverdiyev

Problemas globais da geotectónica

Imprint

Any brand names and product names mentioned in this book are subject to trademark, brand or patent protection and are trademarks or registered trademarks of their respective holders. The use of brand names, product names, common names, trade names, product descriptions etc. even without a particular marking in this work is in no way to be construed to mean that such names may be regarded as unrestricted in respect of trademark and brand protection legislation and could thus be used by anyone.

Cover image: www.ingimage.com

This book is a translation from the original published under ISBN 978-3-659-80577-6.

Publisher:
Sciencia Scripts
is a trademark of
Dodo Books Indian Ocean Ltd. and OmniScriptum S.R.L publishing group

120 High Road, East Finchley, London, N2 9ED, United Kingdom
Str. Armeneasca 28/1, office 1, Chisinau MD-2012, Republic of Moldova, Europe
Printed at: see last page
ISBN: 978-620-8-24852-9

Breves informações sobre Hagverdiyev Hagverdi Tanryverdi

Nascido em 1939, vil. Cheshmali da região de Touz no Azerbaijão.

Em 1963, licenciou-se na Universidade Estatal do Azerbaijão, com o nome de S.M. Kirov (atualmente Universidade Estatal de Baku), na especialidade de geólogo-instrumentista.

Iniciou a sua atividade em 1963 na Central na Expedição de Pesquisa Karakanda na cidade de Karaganda. Em 1965 trabalhou para a Neft Dashlary como operador de pesquisa de poços.

Em 1966 entrou para a faculdade de pós-graduação em vulcanologia e recursos minerais.

Em 1971 defendeu uma tese sobre vulcanologia.

Desde 1969 até à data, tem trabalhado no Instituto de Geologia e Geofísica da Academia Nacional de Ciências do Azerbaijão como investigador científico júnior, sénior e, por fim, principal.

A sua atividade centra-se em investigações em domínios como o vulcanismo, a petrologia, a geologia regional e a tectónica do Azerbaijão.

Paralelamente, investiga também problemas globais de geotectónica. É autor do livro Dynamics conception of Earth Crust Evolution (DCECE). É também autor de mais de 100 trabalhos científicos, incluindo duas monografias.

P.T. Hagverdiyev

Resumo

O autor tem vindo a estudar o desenvolvimento da conceção da evolução da dinâmica da crosta terrestre (CECDE) desde há muitos anos. Foram analisadas numerosas hipóteses, concepções, modelos e outras construções geotectónicas teóricas, tendo em consideração as leis da física, da mecânica, da química e de outras ciências naturais, bem como dados factuais não aceites, estabelecidos com base nas últimas realizações científicas. Como resultado destes estudos, foi criada uma nova conceção geotectónica (CECDE), que explica a natureza dos múltiplos processos tectónicos. As verdadeiras razões de formação e o mecanismo de formação de muitos processos naturais podem ser explicados do ponto de vista da conceção. Estes problemas foram objeto de discussão nas concepções tectónicas anteriores. Os objectos destas discussões são a origem dos fenómenos anómalos, a formação e o mecanismo dos sistemas de dobras montanhosas, os processos vulcanoplutónicos, a origem das falhas profundas globais, as razões da transformação das massas litosféricas, etc.

ÍNDICE DE CONTEÚDOS

Capítulo 1	**4**
Capítulo 2	**9**
Capítulo 3	**13**
Capítulo 4	**16**
Capítulo 5	**19**
Capítulo 6	**27**
Capítulo 7	**30**
Capítulo 8	**34**
Capítulo 9	**37**
Capítulo 10	**40**
Capítulo 11	**48**
Capítulo 12	**51**
Capítulo 13	**56**
Capítulo 14	**60**
Capítulo 15	**63**
Capítulo 16	**67**
Capítulo 17	**70**
Capítulo 18	**73**
Capítulo 19	**76**
Capítulo 20	**80**
Capítulo 21	**83**
Capítulo 22	**86**
Capítulo 23	**89**
Capítulo 24	**93**
Capítulo 25	**97**
Capítulo 26	**101**

1. SOBRE A EVOLUÇÃO GEODINÂMICA DA CROSTA TERRESTRE

Resumo

O autor desta teoria trabalhou no desenvolvimento da mesma durante muitos anos. Esta teoria é o resultado da análise de numerosas hipóteses, conceitos, modelos e outros pressupostos teóricos sobre a geotectónica, que está sujeita às leis da física, mecânica, química e outras ciências naturais, mas também não rejeita as provas baseadas nos últimos desenvolvimentos da ciência e da tecnologia. Como resultado destes estudos, é estabelecida uma teoria científica harmoniosa que explica o carácter de muitos processos geológicos, como a tectónica.

As principais disposições desta teoria, ou seja, a teoria "Evolução geodinâmica da crosta terrestre", são as seguintes

1. A teoria, ou seja, a evolução geodinâmica da crosta terrestre, baseia-se na rotação da Terra. É dada com as leis e regras geralmente aceites da física, da mecânica e das ciências naturais, mas também firmemente estabelecida por provas e raciocínio lógico.

2. Na perspetiva da teoria "Evolução geodinâmica da crosta terrestre", as forças motrizes dos processos tectónicos estão relacionadas com as forças geodinâmicas criadas pela rotação da Terra. A rotação da Terra em torno do seu eixo formou forças geodinâmicas. A origem e o desenvolvimento de vários processos geotectónicos ocorrem sob a influência destas forças.

3. De acordo com esta teoria, todos os processos geotectónicos estão inter-relacionados. A origem de alguns processos está associada ao aparecimento de outros, etc. O princípio desta teoria é que muitos processos globais causam acontecimentos relativamente pequenos, que são considerados fenómenos naturais.

4. A terra que consiste em uma caraterística diferente de geosferas, de acordo com esta teoria, reage de forma diferente à rotação da Terra. Entre estas geosferas, sob a influência das forças geodinâmicas e da lei da inércia de Newton, ocorrem deslocamentos de massas que contribuem para a formação de transições de fase físicas e químicas de origem anómala associada aos fenómenos, nomeadamente astenosfera, plumas, diapiros, suturas, pontos quentes, tsunamis, etc., que têm uma grande importância na evolução da crosta terrestre.

5. Os processos de deslocação que contribuem para a origem e formação dos processos tectónicos ocorrem sob a influência destas forças geodinâmicas, também ligadas à rotação da Terra.

6. Os processos de deslocação são acompanhados pela formação e padrões de distribuição de redes de fracturas profundas, bem como pela deformação da crosta em qualquer bloco geológico individual.

7. Elucidar o mecanismo de movimento das massas litosféricas. De acordo com esta teoria, é dado que a espessura da litosfera sólida das massas tem uma natureza diferencial e, portanto, a sua velocidade de movimento é um diferencial em profundidade, uma vez que a sua velocidade também tem um carácter diferencial. Isto deve-se ao facto de as secções espessas da litosfera, tendo em conta a lei da isostasia, penetrarem mais profundamente no

manto superior e, neste contexto, a velocidade dos seus movimentos ser reduzida, estando assim associada a natureza diferencial destes movimentos que as massas litosféricas possuem.

8. A implantação das massas litosféricas faz-se sob a forma de comboios, que se formam entre deslocamentos originados pelas falhas de transformação associadas.

9. De acordo com esta teoria, ocorrem fenómenos anómalos em todas as geosferas da Terra, incluindo as suas camadas atmosféricas, que contribuem para diversos processos como o fluxo. Além disso, estes processos têm caraterísticas diferentes. Estes processos entre sólidos são acompanhados por manifestações de transições de fase físicas e químicas. E entre outras geosferas, como a hidrosfera, a atmosfera e as suas camadas constituintes, ocorrem diversos fluxos, deslocamentos, pelo que estes fenómenos são também acompanhados pelo aparecimento de diversos processos naturais.

10.   A origem e a formação de sistemas de construção de montanhas ocorrem sob a influência de processos de deslocação, que são desmembrados em tipos vulcanogénicos e de deslocação na génese. A origem vulcânica das estruturas de dobras divide-se em tipos divergentes, convergentes e transformados, respetivamente. Os tipos de deslocação na génese são separados por deslocação geral e construção de montanhas do tipo colisão.

11.   As forças geodinâmicas da Terra na sua crosta são distribuídas regularmente. Estas forças geodinâmicas estão basicamente em três direcções principais. Algumas delas têm uma direção leste, enquanto outras estão orientadas dos pólos da Terra para o seu equador. As relações entre estas forças dão origem a outras zonas portadoras de forças geodinâmicas, por exemplo, as de carácter tangencial, que se situam a sudeste no hemisfério norte e a nordeste no hemisfério sul. Todos os processos de deslocação ocorrem sob a influência de forças geodinâmicas.

12.   A origem dos vulcões e dos sismos deve-se à ação mútua de falhas profundas na astenosfera. Nos diferentes estádios de desenvolvimento, as falhas profundas que penetram no manto superior ou na astenosfera provocam a recuperação da substância. A este respeito, o manto superior, incluindo a astenosfera, violou o regime tectónico, ou seja, uma mudança principal na pressão e temperatura na área de influência da astenosfera por falhas profundas. Há um movimento de material do manto através de uma falha profunda, devido à expansão do seu volume, para a crosta superior. Isto cria uma condição favorável para processos vulcanoplutónicos e erupções vulcânicas relacionadas, que são acompanhadas por sismos, bem como diferenciação, assimilação e outros processos que contribuem para a origem da mineralização endógena.

13.   A teoria tem em conta o papel das forças de Coriolis no desenvolvimento e evolução da crosta terrestre. A ideia da possibilidade de deslocação entre geosferas está ligada às forças de Coriolis. Na teoria "Evolução geodinâmica da crosta terrestre", qualquer deslocamento entre as geosferas não é apenas caraterístico da litosfera e da hidrosfera, mas também de todas as geosferas variáveis da Terra e das suas camadas atmosféricas.

14. De acordo com esta teoria, o centro gravitacional da Terra muda como resultado de processos geodinâmicos globais. Este facto provoca uma alteração do eixo de rotação da

Terra de forma evolutiva, como se comprova com base em estudos isotópicos. De acordo com esta teoria, a mudança do eixo de rotação da Terra altera a natureza e a direção dos principais processos tectónicos e as fases individuais de desenvolvimento da crosta terrestre, o que é comprovado com base em reconstruções paleotectónicas.

15.   A teoria que apresenta a origem das falhas profundas fornece uma ferramenta para a exploração do seu mecanismo de desenvolvimento, bem como o padrão de distribuição na crosta e a sua classificação genética e de classificação. Identificou quatro tipos genéticos de falhas profundas: divergentes, convergentes, colisionais e transformantes, respetivamente. As falhas profundas são divididas por classificação - global, regional e local.

16.   Classificação genética Dana dos tipos de montanha. Estão divididas em três grupos genéticos: vulcânicas, de deslocação e de colisão. Determina as suas origens, padrões de distribuição e o mecanismo de formação, bem como o seu papel na evolução da crosta.

17.   Elucida as razões e o mecanismo das mudanças no centro gravitacional da Terra e o seu efeito na mudança do eixo de rotação da Terra, que relaciona o destino dos principais processos tectónicos.

18.   Está inequivocamente estabelecido que uma mudança no eixo de rotação da Terra cria uma mudança no carácter e na direção dos processos tectónicos de uma forma evolutiva.

19.   Elucida os padrões de distribuição das forças geodinâmicas na face da Terra e o seu papel na evolução da crosta.

20.   Elucida o papel dos refluxos e das marés na evolução da Terra e da sua crosta. É de notar que os refluxos e marés estão associados à relação entre a Terra e a Lua e que a lei da gravidade de Newton, enquanto força externa, influencia ativamente o desenvolvimento dos processos internos da Terra, incluindo as transições de fase físicas e químicas que determinam a origem e o desenvolvimento de vários fenómenos anómalos, tais como plumas, suturas, diápiros, bem como sismos de foco profundo associados a estes últimos. Em particular, é de salientar que o papel dos refluxos e marés é importante para qualquer mudança no centro gravitacional da Terra, que por sua vez afecta o eixo de rotação da Terra.

21.   Elucida as razões do desmembramento da crosta terrestre em zonas estáveis e móveis. Observa-se que a estabilidade ou mobilidade da crosta terrestre está intimamente relacionada com a lei de isostasia da física, pois a lei de isostasia exige uma crosta mais profunda e espessa do que a que se instala no manto superior, o que enfraquece o movimento e vice-versa.

22.   Esclarece as leis sobre a formação do tipo de crosta continental e a sua formação como parte da desnudação, bem como os processos internos que contribuem para a diferenciação das matérias-primas e da crosta terrestre à custa dos produtos leves ocorridos pela diferenciação dos tipos de crosta continental.

23.   A origem dos processos vulcanoplutónicos e o seu papel na formação e

regularidades na mineralização endógena é encontrada.

24.   Esclarece as leis sobre a desgaseificação da Terra e o seu papel neste processo de processos geotectónicos.

25.   Além disso, é revelado o que está na origem de fenómenos anómalos, tais como manifestações de vulcões, sismos e tsunamis, e esclarece o carácter do desenvolvimento destes processos. Determina as regularidades da sua distribuição na crosta, mas também identifica formas de os proteger.

26.   Na perspetiva da teoria "Evolução geodinâmica da crosta terrestre" esclarece as caraterísticas típicas dos principais processos geotectónicos, incluindo a astenosfera, plumas mantélicas, diapires, suturas, pontos quentes, vulcanoplutónica, sistema insular, riftogénese, subducção, espalhamento, trincheiras, tsunamis, etc.

27.   A origem dos trapps de kimberlitos diamantíferos está associada a movimentos tectónicos específicos que estão associados à existência de uma crosta continental mais espessa, que está envolvida na estrutura dos produtos carbonosos. Estes tipos de crosta, na ausência de falhas profundas, baseiam-se em transições de fase físico-químicas, e os seus produtos não podem ascender à superfície da Terra. Por esta razão, os materiais existentes no subsolo da crosta continental, onde a acumulação de pressão e temperatura atinge o ponto crítico, procuram formas de sair da superfície terrestre. Cria-se um movimento forçado, dando origem a produtos de transformações de fase que ascendem para cima, o que ocorre em fluxos de massa redondos que contribuem para a formação de tubos de explosão, onde o percurso é criado pela sua natureza muito complicada, um tipo especial de processos vulcanoplutónicos. E também apresenta condições de formação favoráveis para formações de minério em camadas, como explosões de tubos com diamantes.

28.   Esclarece o papel e a importância das falhas profundas globais na origem e nas condições geotectónicas para a formação de depósitos de petróleo e gás na superfície da Terra. Do ponto de vista da teoria "Evolução geodinâmica da crosta terrestre", os depósitos de petróleo e gás mais ricos formaram-se nas zonas de intersecção de falhas profundas globais de tipo divergente com tipos mais espessos de crosta continental. Isto indica que a origem e a formação dos depósitos de petróleo e gás estão ativamente envolvidas nos processos do manto.

29.   Existem flutuações de velocidade das massas litosféricas contra meridionais na Terra associadas à rotação da Terra. Por esta razão, a maioria das massas litosféricas de alta velocidade ocorre na faixa de terra equatorial (latitude próxima) e, à medida que se afasta do equador, a taxa de deslocamento das massas litosféricas é reduzida e os pólos têm valor zero. Este valor é esperado devido ao facto de a massa litosférica se deslocar perpendicularmente ao eixo de rotação da Terra. Por conseguinte, a redução do comprimento do raio da Terra provoca a diminuição do comprimento dos círculos e, consequentemente, da velocidade de deslocação.

30.   De acordo com a teoria "Evolução geodinâmica da crosta terrestre", os mares marginais e as margens continentais são definidos como as zonas de faixa adjacentes entre

continentes e oceanos, nas quais ocorrem diversos processos geotectónicos, cujas causas não são evidentes a partir de conceitos geodinâmicos anteriores. Estas zonas têm um carácter muito diferente umas das outras e, deste ponto de vista, são designadas por margem continental ativa e margem continental passiva. É de notar que termos como foredeep, mares marginais, sistema de arco insular, bacia do retro-arco, calha, etc. são frequentemente utilizados na literatura geológica, e a sua formação é explicada de diferentes formas. Do ponto de vista da nossa teoria, sem nos referirmos a eles, notamos que os processos acima mencionados são analisados no aspeto genético, e todo o mecanismo da sua formação está intimamente ligado ao movimento das massas litosféricas, ou seja, à sua velocidade de movimento.

31.   Do ponto de vista da teoria "Evolução geodinâmica da crosta terrestre", as massas litosféricas inteiras movem-se sob a influência das forças geodinâmicas principalmente na direção leste, enquanto a sua velocidade de movimento é de natureza diferencial. A este respeito, a velocidade de movimento das massas ao longo das linhas latitudinais da circunferência da Terra apresenta valores diferentes. Isto provoca a formação de várias zonas tectónicas, tais como zonas estáveis (plataforma), zonas móveis que delimitam zonas de compressão (zona de subducção) e de tensão (zonas de espalhamento, zonas de fissura), que se situam entre a margem continental ativa e passiva, o sistema de arcos insulares, os mares marginais, as bacias do retroarco, etc.

32.   Na teoria "Evolução geodinâmica da crosta terrestre", a deslocação das massas litosféricas é mais intensa na parte equatorial, devido ao reduzido comprimento do raio da Terra, localizado perpendicularmente ao eixo de rotação.

2. DIFERENCIAÇÃO DA CROSTA TERRESTRE

Resumo

A crosta é dividida em zonas estáveis e móveis na perspetiva da teoria "Evolução geodinâmica da crosta terrestre" neste trabalho. Além disso, o seu estabelecimento é gerado por condições geotectónicas como resultado de processos de deslocação associados à rotação da Terra. Existem basicamente dois tipos genéticos de crosta: a crosta continental e a crosta oceânica, que diferem fortemente entre si, tanto na forma como na estrutura.

Neste trabalho damos condições para a origem da crosta terrestre primária do ponto de vista da teoria "Evolução geodinâmica da crosta terrestre". É de notar que se formaram durante a formação juntamente com a Terra (presumivelmente em erupções protuberantes), que mais tarde constituíram a base para os seus outros tipos de crosta diferentes da primária, tanto na forma como na estrutura.

No que respeita à sua natureza e estrutura, a Terra é um corpo celeste muito complicado e interessante que conheceu uma longa evolução. O nosso planeta é o único corpo celeste que conhecemos no sistema solar, pois possui uma geologia única. E também o seu núcleo é uma originalidade interessante em termos da sua formação e natureza. No seu corpo ocorreram e formaram-se vários processos naturais, incluindo os geotectónicos, que são o objeto da nossa investigação.

No nosso conceito "Evolução geodinâmica da crosta terrestre", a composição inicial da Terra foi considerada como material gasoso quente e ardente, com base na hipótese de Kant-Laplace. Segundo a hipótese de Kant-Laplace, este material era constituído por erupções gigantescas, isoladas do Sol durante as erupções protuberantes no período inicial da formação dos planetas do sistema solar em torno da sua esfera de influência.

Esta época corresponde à origem e formação dos planetas do sistema solar. Mais tarde, a Terra tornou-se a fonte da evolução de várias morfologias durante os períodos geológicos seguintes. Ou seja, a geologia na Terra inicia o seu curso autónomo de desenvolvimento de forma evolutiva a partir desse momento.

De acordo com a nossa opinião, a sua forma geométrica era aproximadamente esférica no período inicial da vida na Terra. Este facto é confirmado pela estrutura do fundo das bacias oceânicas. O desenvolvimento posterior da Terra, de acordo com as regras do mecanismo celeste, tem sido controlado até agora pela lei da gravitação universal de Newton.

Após a formação da forma inicial da Terra, esta começa a experimentar qualquer período geológico de desenvolvimento de uma forma evolutiva.

O conceito designado por "Teoria da evolução geodinâmica da crosta terrestre" refere-se à geodinâmica dos períodos geológicos da crosta terrestre e, naturalmente, tem de cumprir as leis gerais do desenvolvimento de todos os processos naturais associados à evolução da Terra. Caso contrário, não se trata de uma teoria de pleno direito. Embora saibamos uma coisa que os processos geotectónicos com os quais nos encontramos hoje, existem princípios bem ligados a esta teoria.

A teoria apresentada como "Evolução geodinâmica da crosta terrestre" dá respostas satisfatórias a todas as questões sobre a origem e o desenvolvimento dos processos naturais, incluindo os tectónicos.

Estas questões problemáticas incluem:

-origem da crosta terrestre,

-origem das forças geodinâmicas,

-Origem dos oceanos e dos continentes,

-origem dos vulcões e dos terramotos,

-Origem dos fenómenos anómalos (astenosfera, pluma, sutura, etc.),

-Origem das redes globais de fracturas profundas, seus padrões de distribuição e classificação,

-Mecanismo de movimento da massa litosférica, processos de deslocação, suas formas e variedades,

-mecanismo dos processos de construção de montanhas, etc.

Todos estes e outros problemas são analisados sob o aspeto genético. Para além disso, é revelado o esquema principal de formação e forma relacionado com as manifestações, incluindo o mecanismo de vários tipos de formação de minério. Também são explicadas as suas manifestações por processos metamórficos e a localização onde ocorreram, estabelecendo a sua formação como processos de espalhamento riftogenético, subducção e arco insular, etc.

Mais pormenores sobre estes e outros problemas são explicados noutros trabalhos (1, 3, 5, 12, 13).

Este trabalho é dedicado ao desenvolvimento da natureza da crosta terrestre primária com produtos primários, com base na sua formação observada como os da litosfera, que é a questão principal da investigação.

Em termos de composição, a crosta terrestre primária está provavelmente próxima da composição atual da Terra. Era constituída por um conjunto de aglomerados de materiais solares, extraídos do Sol durante as gigantescas erupções protuberantes, e pode ter tido um carácter de composição diferencial. Estes materiais provavelmente irromperam de várias camadas do Sol e, nesta base, julgamos o carácter diferencial da sua composição.

Apesar de tudo isto, os materiais quentes arrefecidos endureceram ao mesmo tempo com água, e depois o balanço hídrico da Terra, que continua a desempenhar um papel importante no desenvolvimento e evolução da crosta, foi fundado em termos de denudação apenas aprendida pelos produtos podres da crosta.

Para gerar uma tal diversidade da litosfera, tanto em composição como em estrutura, são necessários processos de desnudação, que mais tarde foram acompanhados ao longo de toda a história do desenvolvimento geotectónico da crosta.

Partimos do princípio de que a intensidade dos processos de denudação depende em grande medida da robustez da forma geométrica da Terra nas fases iniciais da evolução da crosta terrestre. A partir de tempos passados, registaram-se processos geológicos intensos, por vezes catastróficos, no interior da Terra. Por conseguinte, os processos de desnudação dominaram a Terra no período inicial da Terra, constituindo o relevo peneplanáltico da Terra.

Este facto criou uma condição favorável ao carácter evolutivo do desenvolvimento dos processos geológicos. Estes processos foram acompanhados por mudanças nas condições intensas dos produtos primários que formam a crosta terrestre, representados principalmente por uma gama de materiais sedimentares, especialmente sedimentares terrestres, frequentemente uma combinação de complexos de rochas vulcanogénicas e vulcanogénicas-sedimentares.

A desnudação pela própria natureza é um processo complexo. Começou a formar-se a partir do momento em que o planeta Terra se formou. E, ao mesmo tempo, a Terra começou a existir no sistema solar. A Terra está interligada com os corpos cósmicos circundantes no espaço exterior, de acordo com a lei da gravitação universal de Newton, que controla o mecanismo de movimento de todos os corpos celestes do universo, incluindo o Sol e os seus planetas.

A fase inicial do desenvolvimento da crosta terrestre é caracterizada pelo desenvolvimento intensivo de processos geológicos, dando um carácter enterrado à forma geométrica da Terra.

É de notar que os processos de arrefecimento e solidificação da crosta primária ocorrem de forma mais gradual. Neste contexto, a espessura da crosta também aumenta gradualmente. A determinadas profundidades, a solidificação termina. No entanto, o aumento dos valores de temperatura e pressão não pára, e a crosta madura torna-se fundida a altas pressões e temperaturas, e permanece firmemente como forma plástica.

É possível que o aumento da espessura da crosta terrestre até à condição desejada tenha ocorrido em simultâneo com o desenvolvimento dos processos geológicos globais. E na medida em que a espessura da crosta é menor e a mobilidade é maior, a intensidade dos processos geológicos e tectónicos é reduzida.

Posteriormente, o papel da água foi de vital importância nos processos denudacionais, uma vez que a formação da água está aparentemente relacionada com a fase inicial da formação da crosta terrestre. Durante esta fase, o desenvolvimento da Terra parece ter criado condições favoráveis à condensação da água. A água é certamente separada da substância, que consistia em materiais solares durante as erupções protuberantes, e mais tarde participou na formação de bacias de água nos oceanos. O papel desta última na formação de ocorrências sedimentares terrígenas é maior. É de salientar que a desnudação que se transforma em peneplanícies na superfície terrestre ocorre com a participação da água. Estas estão associadas à intensificação dos processos de denudação.

Simultaneamente, as águas superficiais encheram rapidamente os buracos, que são grandes relevos negativos da Terra em forma de oceanos e mares. A água na primeira fase de formação da Terra tinha um duplo significado. Por um lado, desempenhou um papel na formação da forma da Terra, ou seja, na sua forma esférica, mas, por outro lado, está ativamente envolvida nos processos de desnudação. Todos estes processos globais perceptíveis são caraterísticas das fases iniciais de desenvolvimento da Terra. Mais tarde, o desenvolvimento de processos geológicos na Terra dura e sua crosta é relativamente baixa, típica para corpos celestes esféricos, neste contexto, a intensidade dos processos geológicos é reduzida, e da mesma forma na crosta da Terra é relativamente fraco.

Após a formação da forma esférica da Terra, a sua crosta desenvolveu-se sob a influência de forças geodinâmicas, únicas no seu próprio território, cujas caraterísticas são descritas e analisadas em muitos trabalhos geológicos (2, 5, 9, 11, 12).

De acordo com a teoria apresentada, quando a solidificação atingiu a condição desejada, ou seja, a formação de uma crosta sólida, teve lugar a primeira fase da formação da crosta primária. Esta foi a fase inicial do desenvolvimento geológico da Terra. No entanto, a solidificação ocorreu de forma irregular. A relação com esta espessura resulta do seu carácter diferencial.

Simultaneamente, a delaminação no interior da Terra contribui para a formação de diferentes densidades da geosfera. Depois, os processos de desenvolvimento na Terra deram lugar à origem de fenómenos anómalos e de outros processos tectónicos que caracterizam a evolução da crosta sob a influência de forças geodinâmicas entre geosferas em mudança.

Após a formação da Terra, a crosta terrestre, como componente principal do invólucro externo da Terra, desenvolveu-se a partir da crosta oceânica inicial. Nesta altura, a crosta primária desenvolveu-se em diferentes condições tectónicas, o que subsequentemente causou uma mudança no seu carácter e estrutura externa, bem como interna.

3.   IFFERNIÇÃO DA CROSTA TERRESTRE

Resumo

A crosta é dividida em zonas estáveis e móveis na perspetiva da teoria "Evolução geodinâmica da crosta terrestre" neste documento. Além disso, o seu estabelecimento é gerado por condições geotectónicas como resultado de processos de deslocação associados à rotação da Terra. Existem basicamente dois tipos genéticos de crosta: a crosta continental e a crosta oceânica, que diferem fortemente entre si tanto na forma como na estrutura.

A crosta terrestre, após a sua formação, como principal componente do invólucro externo da Terra, passou por um longo percurso evolutivo com base na crosta oceânica primária. A crosta primária desenvolveu-se em vários e complexos ambientes geotectónicos. Posteriormente, estes ambientes geotectónicos complexos determinam e alteram a natureza e a estrutura da crosta, tanto em termos externos como internos. Assim, este trabalho tem como objetivo desmembrar a crosta terrestre numa variedade de tipos de crosta.

A diversificação da crosta terrestre é iniciada por duas partes: zonas estáveis e zonas móveis. Esta divisão baseia-se nas caraterísticas físico-mecânicas da crosta. A zona estável, onde os principais processos tectónicos são mais fracos do que os da zona móvel, difere da zona móvel por ter uma estabilidade. Estas zonas não estão sujeitas a qualquer atividade vulcânica e os processos relacionados com a sismicidade são fracos. No entanto, os processos acima mencionados na zona móvel ocorrem ativamente, por vezes de forma catastrófica.

Todas estas particularidades que existem entre as zonas estáveis e as zonas móveis eram conhecidas anteriormente, e as suas razões são interpretadas sob um aspeto diferente (9, 11, 13). Existem diferenças significativas entre as zonas estáveis e móveis no aspeto genético, tendo em conta as suas condições geotectónicas de formação e ocorrência.

A teoria proposta "Evolução geodinâmica da crosta terrestre" baseia-se na rotação da Terra em torno do seu eixo. Esta teoria implica que a formação e evolução dos processos geotectónicos é caracterizada por princípios genéticos. Além disso, as forças que impulsionam todos os processos tectónicos estão associadas à rotação da Terra.

Verifica-se e comprova-se que a crosta primária tinha inicialmente um carácter e uma estrutura semelhantes à crosta oceânica, não existindo qualquer evidência sobre a crosta continental e seus derivados. Posteriormente, a crosta primária foi sujeita a diferentes transformações, resultando na forma e estrutura da crosta terrestre atual.

Como indicado acima, a crosta primária era monótona. A sua composição era muito próxima da selecionada a partir de erupções protuberantes. Estas substâncias, que eram originárias do Sol, foram sujeitas a uma transformação intensiva tanto na composição como na estrutura. Posteriormente, formaram a crosta primária, dissecada por um tipo genético distinto, que diferia fortemente das suas origens.

Estes materiais têm uma composição que varia em termos de forma e estrutura, bem como de aparência e outras caraterísticas. Aqui, notamos que a crosta do tipo oceânico foi formada ao longo da evolução da crosta terrestre. Tal como a crosta primária sofreu, a crosta posterior transformou-se durante as fases subsequentes da evolução da crosta, correspondendo bem aos princípios da teoria.

A crosta primitiva é uma crosta de tipo oceânico, que ocorreu nas primeiras fases do seu desenvolvimento. Este tipo de crosta formada deu lugar à formação de outros tipos de crosta (1, 3).

A nossa tarefa não inclui um estudo pormenorizado de um tipo específico de crosta. O facto de a crosta desencadear a deposição de todos os tipos de minerais é crucial para as geociências. Por isso, implica um exame exaustivo em todas as regiões do mundo. O nosso objetivo é distinguir as caraterísticas gerais dos tipos de crosta a partir da posição do nosso conceito proposto.

Assumimos que existem principalmente dois tipos de crosta genética: a primária e a sua derivada.

O primeiro tipo é o primordial como sua manifestação. A crosta primária, constituída por um aglomerado originário de materiais solares previamente extraídos do Sol durante erupções protuberantes, tinha uma composição semelhante à da Terra atual, podendo posteriormente ter sido diferenciada. Estes materiais foram provavelmente erupcionados de várias camadas do Sol, e pressupomos a sua composição diferencial. No entanto, à luz destes dados concluímos que a crosta primária tinha uma composição básica ou próxima da básica, adequada à teoria "Evolução geodinâmica da crosta terrestre".

É difícil imaginar ou simular a forma inicial da crosta, porque não existe informação pertinente para o efeito. No entanto, o trabalho que se impõe é a descoberta das suas relíquias. Estas encontram-se em todas as regiões do mundo sob forma reduzida, como blocos separados, terranos e outros tipos de aglomerados, ou sob forma dispersa, pelo que a sua deteção é possível e lógica.

O segundo tipo, mais comummente observado na Terra, é derivado do primeiro e também se divide em dois tipos genéticos: continental e oceânico. Destes, o tipo continental é muito diferente dos outros, tanto na estrutura como na idade, bem como na composição do material e noutras caraterísticas.

Este tipo de crosta teve lugar em diferentes ambientes tectónicos e ao longo de períodos distintos da sua evolução. Por isso, são extremamente diversificadas, o que se relaciona com a complexidade das suas condições de formação. Neste contexto, pressupomos como regra que cada região da Terra foi descrita por vários tipos de crosta.

A formação de qualquer crosta de tipo oceânico pode ocorrer sob diferentes condições geotectónicas. No entanto, a crosta de tipo oceânico difere da de tipo continental por ter uma estrutura simples e ser pouco profunda.

A sua idade poderá abranger toda a história evolutiva da Terra ou as últimas fases do seu desenvolvimento, uma vez que se formaram e preservaram até agora. Para além destas, são descritos outros tipos de crostas, incluindo as subcontinentais e suboceânicas.

Estes tipos mencionados são intermédios entre as crostas de tipo oceânico e continental, enquanto duas crostas originais estão em fase de formação.

Na literatura geológica, existem numerosos estudos sobre a caraterização e a descrição de certos tipos de crostas (12, 13). Para além disso, as suas caraterísticas físico-químicas são discutidas através de diferentes técnicas metodológicas, e identificadas e estudadas em rochas complexas, distinguindo os seus constituintes no que diz respeito às propriedades físicas, estrutura, composição química e mineralógica, etc. No entanto, isto não elucida o seu mecanismo de formação no aspeto genético e o seu papel no desenvolvimento das forças geodinâmicas, no que diz respeito à sua formação e posterior evolução.

O conceito sugerido envolve naturalmente uma crosta primária de tipo oceânico. No entanto, estes tipos de crosta formaram-se durante a formação da própria Terra, bem como nas fases subsequentes do seu desenvolvimento.

A maioria das antigas crostas de tipo oceânico formou-se nos locais actuais da Terra (1, 2), onde a formação da crosta e a acumulação de substâncias que participaram na formação do nosso planeta devido a erupções protuberantes do Sol.

Isto aconteceu nas fases iniciais da formação de nove planetas no Sistema Solar. Portanto, uma estrutura de crosta oceânica não contém produtos de desnudação, ou seja, produtos modificados, incluindo ocorrências sedimentares e sedimentares terrígenas.

Assim, podemos afirmar com segurança que uma crosta de tipo oceânico envolve rochas completamente ou quase quase básicas, ou seja, um conjunto de rochas básicas como o basalto-gabro-piroxenito-dunito que se encontram pouco ou mal diferenciadas.

Uma crosta continental, pelo contrário, possui toda uma gama de tipos complexos de rochas, incluindo todas as variedades de rochas magmáticas, sedimentares e sedimentares terrígenas, bem como rochas metamórficas complexas transformadas.

As condições de formação que constituem as rochas crustais estão na origem da diversificação das rochas. É necessário notar que toda a literatura geológica disponível descreve um conjunto de rochas crustais.

Assim, a descrição acima está claramente associada aos princípios da teoria "Evolução geodinâmica da crosta terrestre". Toda a crosta terrestre é composta por uma combinação de crostas oceânicas e continentais.

Para além destas, existem outras variedades, como os tipos suboceânico e subcontinental, ambos localizados entre as crostas de tipo oceânico e continental. Além disso, as crostas do tipo oceânico ocorreram em todas as fases da evolução da crosta. Posteriormente, foram submetidas à transformação, constituindo crostas do tipo continental.

4. SOBRE A ORIGEM DAS FORÇAS GEODINÂMICAS E A SUA IMPORTÂNCIA NA EVOLUÇÃO DA CROSTA TERRESTRE

Resumo

Neste artigo, estudamos a origem das forças geodinâmicas e o seu papel na evolução da crosta terrestre. Verifica-se e prova-se que as forças geodinâmicas são as forças motrizes de todos os processos geotectónicos. Ou seja, os principais processos geotectónicos, como a origem da astenosfera, a atividade vulcânica, os sismos, os processos vulcanoplutónicos, as falhas profundas, a formação de montanhas, etc., estão sob a influência destas forças geodinâmicas.

A teoria apresentada, designada por "Evolução geodinâmica da crosta terrestre", é estabelecida com base na rotação da Terra. Os conceitos anteriores sobre a geotectónica não oferecem razões válidas para descobrir a origem de muitos processos geológicos, incluindo a origem dos processos vulcanotectónicos, os padrões de distribuição dos processos de deslocação, as verdadeiras razões para a formação de falhas profundas globais, a origem das zonas convergentes e divergentes, bem como as estruturas conjuntas nestas zonas, as razões para os eventos vulcânicos e sismos, o mecanismo de movimento das massas litosféricas e muitas outras questões.

Todas estas lacunas só podem ser complementadas à luz da influência das forças geodinâmicas, associadas à rotação da Terra, na formação dos processos geológicos.

As forças geodinâmicas são as forças motrizes de todos os processos naturais, incluindo os geotectónicos no conceito apresentado.

A Terra, após a formação final na esfera de influência do Sol, está localizada no local atual como um planeta do Sol. E a sua vida exterior está intimamente ligada ao Sol e a outros corpos celestes, particularmente dentro da esfera de influência do Sol. Assim, todos os processos internos, por exemplo geotectónicos, da Terra estão intimamente associados à sua rotação em torno do seu eixo.

Na verdade, o facto de as forças motrizes de todos os processos geotectónicos serem forças geodinâmicas, que estão associadas à origem e manifestação dos fenómenos naturais, especialmente tectónicos, pode ser considerado como axiomático.

As forças geodinâmicas são aplicadas com sucesso no desenvolvimento da teoria "Evolução geodinâmica da crosta terrestre" para determinar as verdadeiras causas de muitos fenómenos naturais. A existência e a origem destas forças geodinâmicas mostraram-nos inicialmente (2) que a sua origem era atribuída à rotação da Terra. A rotação da Terra ocorre em três áreas principais de forças geodinâmicas. Algumas delas são dirigidas de oeste para leste e outras dos pólos da Terra para o seu equador. Para além disso, a inter-relação destas forças é a outra direção das forças geodinâmicas de carácter tangencial (Fig.).

Como já foi referido, as forças geodinâmicas são as forças motrizes de todos os processos geológicos e tectónicos. Em particular, a ocorrência e a formação de um quadro global de falhas profundas, deslocações de massas litosféricas, a ocorrência de zonas divergentes e convergentes, o deslocamento (offset) entre geosferas na Terra, o movimento e a re-formação, bem como a acumulação de blocos crustais individuais, a formação de fenómenos anómalos, a formação de sistemas montanhosos, a formação de sistemas ilha-arco, a formação de zonas de subducção, de espalhamento e de fendas e outros processos estão diretamente sob a influência destas forças geodinâmicas.

Além disso, todas as rochas metamorfoseadas, que tiveram origem na crosta, ocorreram em várias condições geotectónicas, também associadas a forças geodinâmicas.

As forças geotectónicas são maiores nas cinturas equatoriais da Terra, uma vez que o impacto destas forças depende da distância do equador da Terra aos seus pólos, e diminui até zero nos pólos.

Esta circunstância é explicada pelo facto de as massas litosféricas terem uma mobilidade flutuante devido à influência das forças geodinâmicas, principalmente de oeste para leste, durante a rotação da Terra em torno do seu eixo. Nesta altura, os raios de rotação das massas nas cinturas equatoriais da Terra são mais importantes. Considera-se que o raio de rotação de qualquer massa transportadora é perpendicular ao eixo de rotação da Terra e que, quanto mais se afasta do equador em direção aos pólos, o comprimento dos raios da massa transportada diminui e, por conseguinte, naturalmente, a velocidade de transporte da massa litosférica diminui, respetivamente, com estes e com a intensidade dos processos geológicos e tectónicos. Assim, os representantes mais marcantes dos processos geológicos e tectónicos, como os eventos vulcânicos e os sismos, estão ausentes ou são insignificantes em qualquer zona dos pólos.

É de notar que as rochas vulcânicas que se encontram atualmente nos pólos são as rochas mais antigas da Terra e estão localizadas em áreas remotas dos pólos da Terra. E, mais tarde, estas deslocaram-se para áreas polares, tanto no Ártico como no Antártico, as suas localizações actuais.

Assim, os factos e circunstâncias acima mencionados mostram claramente que as forças geodinâmicas têm um papel importante nas reconstruções paleotectónicas. Esta necessidade está também relacionada com o facto de que qualquer mudança no eixo de rotação da Terra alteraria a natureza e a direção das forças geodinâmicas, no que se relaciona com a direção da evolução em todos os processos geotectónicos.

Para interpretar a origem dos fenómenos anómalos, o papel das forças geodinâmicas é particularmente importante porque a origem dos depósitos minerais de tipo endógeno está intimamente ligada a estes fenómenos anómalos. É essencial notar que a existência e a formação de todos os depósitos de minérios de tipo endógeno, sem exceção, estão intimamente associadas a processos vulcanoplutónicos, com origem na astenosfera.

De acordo com o conceito desenvolvido, a origem da astenosfera está intimamente ligada à rotação da Terra e provocou deslocações entre geosferas. E isto também está relacionado com as transformações de fase físico-químicas. Por fim, estas participam ativamente na constituição da astenosfera. A astenosfera desempenha um papel vital na evolução da crosta terrestre. Apesar de ser um derivado, a astenosfera ocorreu no fundo da geosfera adjacente (litosfera).

A astenosfera que suporta o manto é a fonte de alimentação das manifestações vulcanoplutónicas. Além disso, está ativamente envolvida na ocorrência e formação de redes globais de fracturação, que desempenham um papel ativo na normalização do interior da astenosfera. Além disso, está ativamente envolvida na ocorrência e formação de sistemas de dobragem de montanhas de diferentes tipos.

E, claro, os processos vulcano-tectónicos são alimentados pelo manto. Os processos vulcanoplutónicos existem nas zonas do manto superior, localizadas ao longo de falhas profundas, devido à queda de pressão. Aqui, há uma recuperação das transformações de fase físico-químicas das substâncias que contribuem para as manifestações dos processos vulcanoplutónicos. Os produtos magmáticos e as substâncias gás-fluídicas que os acompanham são obtidos como resultado destes processos derivados do manto. Estes produtos magmáticos sofreram transições de fase físico-químicas com a ascensão ao longo de fissuras profundas na crosta terrestre.

Estes produtos foram forçados a deslocar-se para cima na crosta terrestre. O processo de arrastamento dos produtos magmáticos e seus derivados com substâncias gás-líquido no caminho é seguido por processos de assimilação e diferenciação, que determinam a formação de depósitos de minério do tipo endogénico.

Estes processos resultaram na acumulação de vários componentes de minério na crosta terrestre. Mais tarde, estes aglomerados estão todos envolvidos na formação de depósitos minerais.

As forças geodinâmicas desempenham um papel crucial na deslocação das massas litosféricas. A deslocação das massas litosféricas, incluindo a crosta terrestre, ocorre sob a influência de forças geodinâmicas. Estas são: o mecanismo de movimento das massas litosféricas, a sua diversificação em partes componentes, bem como o seu papel na formação e distribuição de falhas profundas globais e a sua diferenciação ocorre sob a influência de forças geodinâmicas. Isto significa que todos os processos geotectónicos, tais como fenómenos vulcânicos, sismos, desmembramento da crosta terrestre, padrão de distribuição de muitos processos naturais, incluindo processos vulcânicos e sismos, ambos associados a forças geodinâmicas.

Resumindo o que foi dito acima, concluímos que as forças geodinâmicas têm um grande papel na evolução geodinâmica da crosta terrestre, e acumulam forças para participar ativamente em todos os processos geotectónicos que tiveram lugar em todas as esferas da Terra, não necessitando de provas.

5. SOBRE A ORIGEM E A CLASSIFICAÇÃO DAS FALHAS ENTERRADAS EM PROFUNDIDADE

Resumo

Este artigo procura elucidar a origem e os padrões de distribuição das falhas profundas a nível mundial, revelando também o seu significado na formação de minérios e mencionando a sua classificação. As suas caraterísticas são também verificadas na perspetiva da teoria "Evolução geodinâmica da crosta terrestre". Descrevem-se e caracterizam-se os principais tipos de falhas enterradas, bem como se revela o seu significado na evolução da crosta terrestre.

Existem várias falhas profundas na crosta terrestre no que diz respeito ao tipo genético e à idade. Por isso, o estudo destas falhas, que é objeto de numerosos trabalhos científicos, é de grande importância científica e prática.

No entanto, não se pode dizer que todos os problemas relacionados com as falhas profundas estejam completamente resolvidos. Há uma série de trabalhos de investigação sobre questões selecionadas para os problemas das falhas profundas em muitos aspectos. Incluindo estudos em pormenor e descrevendo numerosos tipos, estas fracturas estão amplamente desenvolvidas em várias regiões do mundo. O seu papel nos corpos geradores de minério é descrito, bem como a sua capacidade de controlo do minério no exemplo de diferentes tipos de crosta, por exemplo, Cáucaso, Urais, Ásia Central e outras regiões do mundo.

No entanto, a literatura geológica não tem conceitos geralmente aceites e circunstâncias correspondentes sobre as origens e os padrões globais de distribuição das falhas profundas, bem como sobre os seus padrões de distribuição no aspeto genético. Aparentemente, a falta de generalizações teóricas associadas a estas extensas fracturas, porque se desconhece que as falhas profundas enterradas, tanto globais como regionais-locais, têm origens comprovadas.

A teoria "Evolução geodinâmica da crosta terrestre", em contraste com as teorias e conceitos anteriores, pode encontrar soluções para muitas questões problemáticas em geociências, incluindo também as verdadeiras causas na origem das falhas profundas e os seus padrões de distribuição no aspeto genético.

A teoria apresentada é desenvolvida tendo em conta a rotação da Terra, que não é tida em consideração na construção de reconstruções teóricas anteriores. Por conseguinte, as teorias e os conceitos anteriores não permitem resolver muitas questões problemáticas que são objeto de um vivo debate entre os especialistas.

Estes problemas incluem questões como as causas da deslocação das massas litosféricas, a origem da astenosfera, a origem das redes de fracturas profundas, os seus padrões de distribuição e o caminho em que evoluíram, as fontes dos processos metamórficos, informações sobre a distribuição dos depósitos minerais e muitas outras questões relativas à geotectónica teórica.

As caraterísticas genéticas comuns de vários processos geológicos são apresentadas nesta secção com base na teoria apresentada. Além disso, há problemas relacionados com a ocorrência de falhas globais enterradas em profundidade e os seus padrões de distribuição na crosta terrestre, bem como a sua classificação.

O conceito que propusemos baseia-se no facto de todas as forças motrizes dos processos geológicos estarem geneticamente relacionadas com a rotação da Terra. Como indicado em trabalhos anteriores (1, 3), as forças geodinâmicas, que têm origem na rotação da Terra, têm influência no movimento das massas litosféricas.

Estas massas litosféricas deslocam-se de oeste para este e dos pólos da Terra para o seu equador. No entanto, as forças tangenciais, resultantes da relação entre as forças geodinâmicas acima referidas, complicam uma vez mais a natureza do movimento das massas litosféricas. Para além disso, a espessura da crosta sólida depende da velocidade do tipo diferencial das massas litosféricas.

E em ligação com estes movimentos tectónicos, as massas litosféricas movem-se sob a forma de cadeias de ondas (Fig.). Entre estas cadeias, as massas litosféricas ocorrem como uma variedade de deslocamentos que contribuem para a formação de falhas profundas de carácter variável.

O movimento das massas litosféricas ocorre em simultâneo com a deformação da crosta terrestre e dos vários blocos geológicos em posição. Aqui, notamos que o desmembramento da crosta terrestre em blocos geológicos resulta da natureza dos contornos geométricos, da espessura da crosta e da natureza das massas em movimento.

Existe uma regularidade definida entre a espessura e a granulometria dos blocos de construção, ou seja, a dimensão dos blocos crustais recém-formados, que têm uma relação direta com os contornos geológicos e estão sujeitos a deformações.

Que a rotação da Terra, que forma forças geodinâmicas, dá lugar à formação de várias zonas de compressão e tensão na direção meridional da Terra que também está relacionada com o movimento das massas litosféricas (Fig.). Tipicamente, qualquer zona de compressão na crosta pode ser traçada em direcções submeridionais como estruturas do tipo subducção. É também evidente que a zona de dilatação é observada sob a forma de zonas de espalhamento e de riftes em direcções submeridionais.

A origem e formação de estruturas de articulação/dobragem deve-se ao facto de os processos de ocorrência e formação de zonas divergentes e convergentes serem simultâneos. Além disso, estes processos globais ocorrem em simultâneo com a formação de falhas transformantes, que se localizam umas em relação às outras e subperpendiculares a estes processos globais, deslocando massas que contribuem para a formação de várias estruturas de dobragem em escalão (Fig.).

A revelação das razões da formação destas estruturas de dobragem permitiu o aparecimento de uma nova teoria designada por "Evolução geodinâmica da crosta terrestre".

A formação de formas geométricas nestas estruturas depende de muitos factores. Os principais factores são a sua localização e a velocidade de movimento das massas litosféricas. À medida que se localizam mais perto do equador, o seu tamanho aumenta, e à medida que se afastam do equador em direção aos pólos, diminui.

Os contornos da geometria em qualquer estrutura de flexão variam em função do carácter da massa deslocada. A própria deslocação está sob o controlo das forças geodinâmicas. O ângulo entre as zonas divergentes das falhas de transformação diminui proporcionalmente à redução da distância do equador aos pólos.

Outro fator importante que influencia a formação de estruturas de dobragem é a velocidade das massas litosféricas. Quando a taxa de deslocamento das massas litosféricas aumenta, a frequência das estruturas de flexão aumenta. Este é um fenómeno normal e está de acordo com os princípios do conceito apresentado (Fig.).

Tudo o que foi descrito acima tem como objetivo contribuir para o estabelecimento de uma nova classificação das falhas profundas, de acordo com os princípios da teoria "Evolução geodinâmica da crosta terrestre" no aspeto genético.

Estas classificações também tentam realçar várias questões sobre as falhas enterradas em profundidade. Além disso, estas classificações baseiam-se no exemplo de algumas zonas de formação estrutural ou em algumas regiões selecionadas do mundo. No entanto, não existe uma generalização sobre as falhas profundas. Isto deve-se ao facto de não haver generalização em nenhuma teoria relativa à evolução da crosta terrestre, o que constitui, de facto, uma grande lacuna na geotectónica teórica.

Nos estudos geológicos existem muitos dados que descrevem geneticamente falhas profundas muito diferentes, na sua maioria descritivos. No entanto, não existe nenhum trabalho relacionado com as falhas profundas enterradas, que possa explicar as razões da ocorrência e formação de algumas falhas profundas no aspeto genético. Este problema constitui, de facto, um grave problema na literatura geológica. Esperamos que esta lacuna seja complementada pela nossa classificação baseada no princípio da teoria "Evolução geodinâmica da crosta terrestre".

Todas as falhas profundas ocorridas na crosta têm origem na rotação da Terra. Elas surgiram da inter-relação entre as matérias naturais como um carácter natural e dinâmico. Estas são resumidas como forças geodinâmicas, deslocação de massas litosféricas juntamente com a diversificação da crosta como zonas estáveis e móveis.

As falhas profundas acima mencionadas são classificadas geneticamente da seguinte forma e cada uma tem um tipo genético específico. Estas falhas profundas têm sido frequentemente categorizadas da seguinte forma

Existem três grupos de falhas profundas: globais, regionais e locais, respetivamente.

As falhas profundas globais são as falhas profundas que fazem parte das redes de fracturação globais que abrangem todo o globo. São as maiores falhas, que podem ser traçadas ao longo de centenas e até de alguns milhares de quilómetros em todo o mundo.

Estas falhas profundas foram essencialmente diferenciadas como os maiores blocos geológicos da crosta, bem como crostas de tipo variável, tanto estáveis como móveis.

Todas as principais estruturas da crosta, incluindo as zonas de espalhamento, subducção e rift, bem como as estruturas que as ligam entre si e a outros complexos nodais de tipo descontínuo, fazem parte de uma rede construída a partir de falhas globais profundas. Estas são originárias de falhas profundas globais, exceto as derivadas do manto.

De acordo com um novo conceito, as falhas profundas do segundo grupo, tais como as falhas profundas regionais, foram diferenciadas como grandes blocos geológicos, que se formaram em diferentes períodos geológicos, em contraste com os blocos geológicos continentais globais e estáveis comummente observados.

Estes grupos são falhas regionais, também amplamente distribuídas nos espaços das zonas móveis. O seu comprimento pode atingir mil quilómetros ou mais, bem como uma largura de dezenas de quilómetros nas zonas móveis, enquanto é cerca de duas vezes menor nas zonas estáveis. A maioria destas falhas são falhas profundas do tipo colisão. Apesar de se situarem em regiões estáveis, estão agora cicatrizadas e apresentam uma distribuição caracterizada por depósitos potencialmente portadores de minério em aureolas.

O terceiro grupo de falhas profundas é o mais difundido. Este grupo inclui todas as pequenas falhas profundas, típicas de distribuição localizada, que consistem essencialmente em parte de um grupo maior de falhas profundas, bem como geneticamente relacionadas com os grupos maiores de falhas profundas.

Resumindo as caraterísticas acima descritas sobre as falhas profundas na classificação, deve notar-se que o acima exposto é apenas uma separação condicional de falhas profundas na classificação. Em seguida, utilizámos a teoria proposta, fornecendo caraterísticas genéticas das falhas profundas.

À luz dos princípios genéticos, as falhas profundamente enterradas dividem-se em quatro tipos genéticos, que diferem entre si tanto na génese como no ambiente:
1.	Falhas profundas de tipo divergente
2.	Falhas profundas de tipo convergente
3.	Falhas profundas de tipo transformador
4.	Falhas profundas do tipo colisão
As falhas profundas do tipo divergente, que cobrem toda a zona de extensão da crosta, são as falhas profundas mais frequentemente observadas.

A ocorrência e o mecanismo de movimento das massas litosféricas estão associados às forças geodinâmicas da Terra. Sob a influência destas forças, toda a crosta é exposta nos locais na direção leste, bem como dos pólos da Terra para o seu equador, que estão ligados à rotação da Terra.

A crosta terrestre, no que diz respeito às leis da isostasia, comporta-se de forma diferenciada consoante a sua espessura, afundando-se no manto superior. A crosta mais espessa penetra mais profundamente no manto do que a mais pequena. Neste contexto, torna-se mais estável, dificultando a aceleração do movimento do manto superior, enquanto a mais fina tem uma velocidade relativamente elevada, o que determina o carácter diferencial do movimento das massas litosféricas no manto superior.

Por sua vez, o movimento diferencial das massas litosféricas, incluindo a crosta, deve provocar a formação de zonas de compressão e de tensão na direção meridional, que alternam entre si na direção latitudinal (Fig.).

As zonas divergentes na crosta terrestre são representadas como zonas de espalhamento (Fig.) e zonas de rifte (Fig.). Como se pode ver, as estruturas de espalhamento derivam de zonas de tensão, que são representadas pelas falhas globais de primeira ordem, distribuídas na direção meridional e amplamente desenvolvidas nas cinturas equatoriais das bacias oceânicas.

Isto pode ser visto nos mapas morfoestruturais das bacias do Atlântico, do Pacífico e do Índico (ver Oceano Atlântico), onde as estruturas meridionais estão localizadas, intersectando falhas transformantes ali e em todo o lado e, por sua vez, alternando entre elas na direção meridional.

Algumas destas falhas transformantes apresentam indícios de serem falhas globais de primeira ordem, traçadas ao longo de vários milhares de quilómetros (Fig.), com base no conceito de fenómenos que vão da borda de um continente para as bordas de outro e que muitas vezes penetram no continente.

Entre as falhas profundas são descritas dezenas de falhas profundas. As falhas relativamente menores são do tipo transformante, que correspondem à classificação regional. Os seus traços caraterísticos podem ser descritos se a sua manifestação vulcânica for fraca ou ausente.

A natureza sinuosa da distribuição das zonas de espalhamento, ou seja, falhas profundas divergentes, formadas sob a influência ativa de falhas de transformação, dependendo da velocidade das massas litosféricas em movimento, onde a taxa de deslocamento das zonas de espalhamento tem uma natureza diferencial (Fig.). A velocidade de deslocação ao longo das zonas de expansão é claramente observada nos mapas morfoestruturais do fundo oceânico. A figura mostra que a maioria das falhas profundas transformantes globais está localizada perto das faixas latitudinais equatoriais e, à medida que a distância aumenta do equador para os pólos, a dimensão das falhas transformantes diminui e, nas faixas polares, não há atividade, pelo que os próprios pólos estão quase ausentes, o que é consistente com os princípios da teoria associada à rotação da Terra.

As falhas divergentes, cujas caraterísticas são descritas acima, em termos gerais, são observadas não apenas nas bacias oceânicas, mas também em todas as regiões do mundo. E são mais intensamente manifestadas na vizinhança das faixas equatoriais. As razões para a sua formação são claramente apresentadas na secção que trata dos padrões de distribuição das falhas profundas, na teoria "Evolução geodinâmica da crosta terrestre (1)".

No entanto, as caraterísticas de muitas estruturas geológicas descontínuas podem ser estudadas nas áreas das bacias oceânicas com base em mapas geomorfológicos do fundo oceânico.

Neste contexto, é provável que se revelem as principais caraterísticas das formações estruturais e perspectivas geomorfológicas nas bacias oceânicas, uma vez que estas não estão sujeitas a desnudação. De facto, é muito importante para a análise estrutural dos sítios geológicos necessários, bem como para a elucidação dos seus padrões de distribuição, o que é muito importante em estudos geológicos.

Em contraste com as bacias oceânicas, as formações geológicas terrestres de aspeto prístino foram quase completamente destruídas pela desnudação, complicando assim os estudos geológicos.

Outras variantes de falhas divergentes, de acordo com a nossa teoria, são as falhas profundas do tipo rift. As falhas de fenda espalham-se principalmente na crosta de tipo continental. Muitas delas aparecem como zonas planas, pelo que a sua observação visual é significativamente dificultada. Só podem ser identificadas e estudadas através de estudos geológicos pormenorizados, efectuados com base em métodos geológicos bem conhecidos.

É de notar que todos os processos geológicos, incluindo as falhas profundas, foram iniciados juntamente com o desenvolvimento da Terra e da sua crosta.

Por conseguinte, a formação e o desenvolvimento de falhas profundas têm um carácter evolutivo. Nesta perspetiva, é possível inferir que as falhas profundas, por sua vez, ocorreram e evoluíram e, finalmente, foram curadas, ou seja, terminaram a sua atividade no passado geológico. Grandes porções de falhas profundas herdaram provas da sua evolução.

As falhas profundas globais estão frequentemente envolvidas na formação e desenvolvimento de bacias oceânicas e de outras bacias hidrográficas. Um exemplo notável é a formação e o desenvolvimento do Oceano Atlântico e do Mar Vermelho, que ainda hoje continuam a expandir-se.

O segundo tipo genético de falhas profundas são as falhas convergentes. A ocorrência de falhas convergentes está intimamente ligada a zonas de compressão. Estas zonas de compressão, bem como as zonas divergentes de tensão, formam-se em direcções submeridionais. São formadas como resultado de movimentos diferenciais de massas litosféricas, naturalmente relacionados com a extensão das forças geodinâmicas que causam tensões dinâmicas na crosta terrestre.

De acordo com a teoria, as compressões ocorrem com maior intensidade nas grandes faixas de junção da crosta oceânica com a crosta continental, ou seja, entre vários tipos de crosta. Isto está associado a diferenças de movimento de alta velocidade ou de blocos geológicos de massas litosféricas em movimento, que também determinam a formação de uma zona de compressão (como as zonas de subducção na tectónica de placas).

O mecanismo de formação destas zonas de compressão na teoria proposta, bem como a tectónica de placas, é interpretado da seguinte forma: quando uma crosta oceânica densa e de baixa energia (crosta oceânica também no nosso exemplo) encontra uma crosta continental forte e relativamente menos densa, as leis da mecânica favorecem a crosta continental forte, mas relativamente menos densa.

Neste contexto, as camadas recém-formadas (primeira e segunda camadas das bacias oceânicas), que cobrem uma crosta de tipo oceânico durante a subducção, participam na formação de qualquer prisma acrecionário (Fig.). Isto é proposto pela teoria que interpreta as razões para a formação de acreção, porque elas podem não estar com uma crosta de tipo oceânico sob os continentes. Por isso, é necessário rasgá-las para formar prismas acrecionários ao longo das zonas de subducção.

De acordo com a teoria proposta, isto significa que a longitude perto das bandas equatoriais da Terra é quase constante. Por esta razão, a zona de compressão deslocada da zona de crescimento é natural na evolução da crosta terrestre.

No entanto, a compressão não é um processo que não possa ser restringido entre crostas de tipo oceânico e continental. O raciocínio lógico sustenta que o próprio processo tem uma distribuição mais alargada. O exposto acima confirma que o processo de compressão é amplamente distribuído, abrangendo todas as regiões do mundo. O seu papel é especialmente importante na origem e evolução de todas as transformações metamórficas. A elucidação das suas condições geotectónicas de formação tem um significado tanto teórico como prático.

A interpretação das verdadeiras causas dos fenómenos geológicos, incluindo os processos tectonomagmáticos e metamórficos, é de importância primordial para participar na formação de todos os tipos de minerais.

O terceiro tipo genético de falhas profundas são as falhas de transformação profunda. As suas origens, padrões de distribuição e manifestação estão intimamente ligados aos dois tipos genéticos anteriores de falhas profundas.

Como sugere a teoria, as falhas transformantes estão localizadas subperpendicularmente às falhas profundas divergentes e convergentes, que se formam durante o movimento das massas litosféricas sob a influência de forças geodinâmicas, associadas à rotação da Terra em torno do seu eixo.

As falhas de transformação profundas ocorrem durante o movimento das massas litosféricas. Pode ter havido um complexo quadro de tensões na superfície da Terra gerado nesta altura, como deslocamentos, removendo a formação de falhas transformantes e dividindo vários blocos geológicos da crosta.

As caraterísticas das falhas de transformação são semelhantes em todo o lado e a sua distribuição global é paralela entre si, independentemente da sua classificação e posição.

De acordo com o conceito proposto na teoria, as falhas de transformação podem ser distinguidas em dois tipos genéticos: carácter global-regional e carácter local. Como já foi referido, as falhas de transformação do tipo global-regional estão sempre dispostas paralelamente umas às outras, enquanto as falhas de transformação do tipo local se desenvolvem separadamente entre blocos geológicos, independentemente das falhas de transformação globais. É de notar que as falhas de transformação são arbitrariamente divididas em globais e regionais, mas a sua diversificação genética de uma para outra não é possível. Isto deve-se ao facto de o carácter da sua formação ser controlado por processos globais comuns, com exceção das falhas de transformação que estão geneticamente relacionadas com processos de colisão, cuja formação tem um carácter de desenvolvimento local.

No que diz respeito ao desmembramento das falhas de transformação pela classificação, trata-se apenas de uma separação condicional das falhas de transformação em magnitude.

Aqui, a primeira categoria é a das falhas de transformação global. As suas dimensões são medidas em milhares de quilómetros, transformadas para as localizações profundas nos oceanos Pacífico, Atlântico e Índico, como já foi referido, indo por vezes de um extremo ao outro do continente.

Existem falhas de transformação relativamente pequenas, de escala regional, entre estas falhas profundas globais. Estas apresentam condições gerais que se assemelham à formação de falhas globais, muitas vezes com uma extensão de meio milhar de quilómetros ou mais.

No que diz respeito à formação de falhas profundas transformadas de tipo local, são os tipos genéticos mais comuns que se observam em todos os tipos de blocos geológicos. A sua formação está intimamente ligada ao mecanismo de movimento separado das unidades geológicas individuais.

O quarto tipo genético de falhas profundas são as colisionais. Este tipo genético distribui-se principalmente nas zonas de colisão, e a sua formação está associada a processos colisionais, que se relacionam com o nível regional e local. Estes tipos genéticos distribuem-se principalmente nas regiões dobradas.

O exemplo mais marcante é o sistema de orogenia alpina, como é conhecido em muitos locais, uma vez que muitas cadeias montanhosas são geradas por processos de colisão.

Consequentemente, apresentamos uma classificação genética das falhas profundas em geral, com base na teoria "Evolução geodinâmica da crosta terrestre". Esta classificação permite uma nova abordagem a muitas questões fundamentais da geotectónica.

6. SOBRE OS PADRÕES DE DISTRIBUIÇÃO DAS FORÇAS GEODINÂMICAS NA TERRA E A SUA IMPORTÂNCIA NA EVOLUÇÃO DA CROSTA TERRESTRE

Resumo

Este estudo tem como objetivo clarificar os padrões de distribuição das forças geodinâmicas na superfície da Terra, que estão associadas à origem e formação dos principais processos tectónicos, juntamente com a origem da astenosfera, pluma, diapir, sutura, pontos quentes, formação de montanhas, bem como os seus padrões de distribuição na crosta.

Está definitivamente provado que a origem das forças geodinâmicas está associada à rotação da Terra, sob a influência da qual se desenvolvem e movem as massas da litosfera. Além disso, o processo de movimentação das massas litosféricas está relacionado com muitos processos geotectónicos e com a formação de várias falhas de tipo genético, incluindo as transformadas, a formação de estruturas de dobragem, indicando diferentes tipos como colisão e origem vulcânica.

Destas origens, a mais importante é a relacionada com o desenvolvimento da astenosfera, bem como outros fenómenos anómalos relacionados, como plumas, suturas, diapiros, todos eles intimamente ligados a forças geodinâmicas.

A natureza dos processos tectónicos acima referidos está intimamente ligada à origem das forças geodinâmicas e aos seus padrões de distribuição na Terra e na sua crosta. Estas forças geodinâmicas são dirigidas de oeste para leste e dos pólos da Terra para o seu equador, tal como a inter-relação destas forças, suportando outras forças geodinâmicas de carácter tangencial.

Todos os processos que estão associados ao movimento das massas litosféricas ocorrem sob a influência de forças geodinâmicas. Estes incluem a construção de montanhas, a formação de falhas, os processos vulcanoplutónicos, bem como o movimento das massas litosféricas.

As forças geodinâmicas são as principais forças motrizes que provocam a deslocação dos continentes, tal como é referido noutros estudos (1, 2).

As reconstruções geotectónicas anteriores sobre a deriva dos continentes são discutíveis. Apesar desta riqueza acumulada de material factual que permitiria a criação de um conceito maduro, que poderia explicar as verdadeiras razões para a formação e o padrão de distribuição de muitos processos geotectónicos, não existe nenhum conceito certamente verificado sobre esta questão.

Assim, as restrições teóricas para a geotectónica tinham muitas lacunas e deficiências, o que levou a muitas discussões entre os especialistas. A principal desvantagem destes conceitos é o facto de não tomarem em consideração a rotação da Terra e os seus prováveis efeitos nos processos terrestres. Por isso, a teoria "Evolução geodinâmica da crosta terrestre" tem uma grande importância.

Todas as opções possíveis analisadas para influenciar a rotação da Terra, ou seja, os processos terrestres, são utilizadas sem rejeitar as leis da física e da mecânica. Assim, os fenómenos naturais que ocorrem na Terra e na sua crosta, incluindo os processos geotectónicos, são analisados para revelar as suas principais caraterísticas.

O desenvolvimento de tal conceito visa procurar as verdadeiras razões para a formação de cada processo natural, bem como a sua relação com outros fenómenos naturais. Com o passar do tempo, foram-se acumulando muitos materiais, vastos materiais que ajudam a atingir o objetivo pretendido. Estes dados e informações recolhidos deram lugar a muitas questões.

Os principais marcos são as forças que impulsionam todos os processos geológicos. Todas as opções possíveis analisadas para influenciar o desenvolvimento dos processos geotectónicos são forças internas e externas. Como resultado destes estudos, verificou-se que todos os processos naturais estão inter-relacionados, mas ainda não se sabe quais são as principais forças motrizes dos processos naturais, incluindo os processos tectónicos.

Foi necessário analisar o aparecimento de numerosos factos fiáveis para determinar as verdadeiras causas da formação e dos padrões de distribuição dos processos geotectónicos globais.

Há muitas questões problemáticas a resolver, incluindo os desvios continentais, a mudança de posição de um local da Terra em relação ao outro, os padrões de distribuição e as manifestações da atividade vulcânica e dos sismos, o desmembramento das zonas móveis e estáveis da crosta terrestre, padrões de distribuição de elementos descontínuos, fenómenos vulcânicos e sismos na ausência de pólos da Terra, fiabilidade das forças de Coriolis, centro gravitacional modificado na Terra, exatidão dos factos sobre os refluxos e marés, caraterísticas morfoestruturais dos oceanos, rotação da Terra em torno do seu eixo, etc. factos fiáveis, à luz das leis e regras da física e da mecânica e, naturalmente, das ciências naturais e geociências, que permitem concluir que as principais forças motrizes destes fenómenos naturais, bem como os processos geotectónicos, estão associados a forças geodinâmicas externas.

Assim, quando se desenvolve a teoria "Evolução geodinâmica da crosta terrestre", esta baseia-se na rotação da Terra em torno da sua vespa. Utilizando esta posição analisada, os principais processos naturais e geotectónicos são revistos. Verificou-se que as forças que impulsionam os processos geotectónicos são forças geodinâmicas que estão associadas à rotação da Terra em torno do seu eixo.

Foi assim que nasceu a teoria "Evolução geodinâmica da crosta terrestre", que nos permite determinar as verdadeiras causas de muitos processos naturais, ou seja, geotectónicos.

A teoria "Evolução geodinâmica da crosta terrestre" tem um carácter evolutivo no aspeto natural e histórico. Isto também está relacionado com o facto de que uma mudança ocorrida no eixo de rotação da Terra altera o carácter e a direção das forças geodinâmicas, associadas à sua rotação.

Por sua vez, qualquer alteração no eixo de rotação da Terra deve-se a factores externos e internos, combinados com o seu desenvolvimento e evolução.

Os principais factores entre estes são os refluxos e as marés, juntamente com a desnudação. Estes processos globais mencionados causam algumas alterações nos parâmetros geométricos da Terra, que por sua vez são influenciados por alterações no seu centro gravitacional. Além disso, todos os processos geotectónicos têm experimentado um carácter e uma direção de desenvolvimento com a evolução, associados à evolução da crosta terrestre.

Assim, o acima exposto mostra claramente que as forças geodinâmicas são a principal fonte de energia a partir da qual se originaram todos os processos tectónicos. Estes continuam a ocorrer na crosta terrestre devido à rotação da Terra.

Os processos de deslocação têm lugar na crosta terrestre sob a influência de forças geodinâmicas. É certo que a deslocação é, por natureza, um processo muito complexo, mas é um fenómeno interessante, que está ativamente envolvido na história evolutiva da crosta terrestre.

Estes fenómenos contêm uma série de grandes processos geotectónicos, como a formação e a disseminação dos principais elementos descontínuos na crosta terrestre, bem como os seus padrões de distribuição, o que está relacionado com muitos processos globais.

Estes processos compreendem vários tipos genéticos de processos de construção de montanhas, incluindo a ocorrência e formação de estruturas montanhosas de tipo deslocado e vulcanogénico, a formação de diferentes falhas profundas de tipo genético, a origem de erupções vulcânicas e sismos, o desmembramento da crosta terrestre, os padrões de formação e distribuição de processos metamórficos, a ocorrência de zonas divergentes e convergentes e os processos associados de espalhamento, subducção, rifting, arco-ilha e muitos outros. Todos estes resultados sugerem que as forças geodinâmicas são as principais forças motrizes dos processos geotectónicos na crosta terrestre.

7. A ORIGEM DA CROSTA TERRESTRE PRIMÁRIA

Resumo

Neste trabalho damos condições para a origem da crosta terrestre primária do ponto de vista da teoria "Evolução geodinâmica da crosta terrestre". É de notar que se formaram durante a formação juntamente com a Terra (presumivelmente em erupções protuberantes), que mais tarde constituíram a base para os seus outros tipos de crosta diferentes da primária, tanto na forma como na estrutura.

No que respeita à sua natureza e estrutura, a Terra é um corpo celeste muito complicado e interessante que conheceu uma longa evolução. O nosso planeta é o único corpo celeste que conhecemos no sistema solar, pois possui uma geologia única. E também o seu núcleo é uma originalidade interessante em termos da sua formação e natureza. No seu corpo ocorreram e formaram-se vários processos naturais, incluindo os geotectónicos, que são o objeto da nossa investigação.

No nosso conceito "Evolução geodinâmica da crosta terrestre", a composição inicial da Terra foi considerada como material gasoso quente e ardente, com base na hipótese de Kant-Laplace. Segundo a hipótese de Kant-Laplace, este material era constituído por erupções gigantescas, isoladas do Sol durante as erupções protuberantes no período inicial da formação dos planetas do sistema solar em torno da sua esfera de influência.

Esta época corresponde à origem e formação dos planetas do sistema solar. Mais tarde, a Terra tornou-se a fonte da evolução de várias morfologias durante os períodos geológicos seguintes. Ou seja, a geologia na Terra inicia o seu curso autónomo de desenvolvimento de forma evolutiva a partir desse momento.

De acordo com a nossa opinião, a sua forma geométrica era aproximadamente esférica no período inicial da vida na Terra. Este facto é confirmado pela estrutura do fundo das bacias oceânicas. O desenvolvimento posterior da Terra, de acordo com as regras do mecanismo celeste, tem sido até agora controlado pela lei da gravitação universal de Newton.

Após a formação da forma inicial da Terra, esta começa a experimentar qualquer período geológico de desenvolvimento de uma forma evolutiva.

O conceito designado por "Teoria da evolução geodinâmica da crosta terrestre" refere-se à geodinâmica dos períodos geológicos da crosta terrestre e, naturalmente, tem de cumprir as leis gerais do desenvolvimento de todos os processos naturais associados à evolução da Terra. Caso contrário, não se trata de uma teoria de pleno direito. Embora saibamos uma coisa que os processos geotectónicos com os quais nos encontramos hoje, existem princípios bem ligados a esta teoria.

A teoria apresentada como "Evolução geodinâmica da crosta terrestre" dá respostas satisfatórias a todas as questões sobre a origem e o desenvolvimento dos processos naturais, incluindo os tectónicos.

Estas questões problemáticas incluem:

-origem da crosta terrestre,

-origem das forças geodinâmicas,

-Origem dos oceanos e dos continentes,

-origem dos vulcões e dos terramotos,

-Origem dos fenómenos anómalos (astenosfera, pluma, sutura, etc.),

-Origem das redes globais de fracturas profundas, seus padrões de distribuição e classificação,

-Mecanismo de movimento da massa litosférica, processos de deslocação, suas formas e variedades,

-mecanismo dos processos de construção de montanhas, etc.

Todos estes e outros problemas são analisados sob o aspeto genético. Para além disso, é revelado o esquema principal de formação e forma relacionado com as manifestações, incluindo o mecanismo de vários tipos de formação de minério. Também são explicadas as suas manifestações por processos metamórficos e a localização onde ocorreram, estabelecendo a sua formação como processos de espalhamento riftogenético, subducção e arco insular, etc.

Mais pormenores sobre estes e outros problemas são explicados noutros trabalhos (1, 3, 5, 12, 13).

Este trabalho é dedicado ao desenvolvimento da natureza da crosta terrestre primária com produtos primários, com base na sua formação observada como os da litosfera, que é a questão principal da investigação.

Em termos de composição, a crosta terrestre primária está provavelmente próxima da composição atual da Terra. Era constituída por um conjunto de aglomerados de materiais solares, extraídos do Sol durante as gigantescas erupções protuberantes, e pode ter tido um carácter de composição diferencial. Estes materiais provavelmente irromperam de várias camadas do Sol e, nesta base, julgamos o carácter diferencial da sua composição.

Apesar de tudo isto, os materiais quentes arrefecidos endureceram ao mesmo tempo com água, e depois o balanço hídrico da Terra, que continua a desempenhar um papel importante no desenvolvimento e evolução da crosta, foi fundado em termos de denudação apenas aprendida pelos produtos podres da crosta.

Para gerar uma tal diversidade da litosfera, tanto em composição como em estrutura, são necessários processos de desnudação, que mais tarde foram acompanhados ao longo de toda a história do desenvolvimento geotectónico da crosta.

Partimos do princípio de que a intensidade dos processos de denudação depende em grande medida da robustez da forma geométrica da Terra nas fases iniciais da evolução da crosta terrestre. A partir de tempos passados, registaram-se processos geológicos intensos, por vezes catastróficos, no interior da Terra. Por conseguinte, os processos de desnudação dominaram a Terra no período inicial da Terra, constituindo o relevo peneplanáltico da Terra.

Este facto criou uma condição favorável ao carácter evolutivo do desenvolvimento dos processos geológicos. Estes processos foram acompanhados por mudanças nas condições intensas dos produtos primários que formam a crosta terrestre, representados principalmente por uma gama de materiais sedimentares, especialmente sedimentares terrígenos, frequentemente uma combinação de complexos de rochas vulcanogénicas e vulcanogénicas-sedimentares.

A desnudação pela própria natureza é um processo complexo. Começou a formar-se a partir do momento em que o planeta Terra se formou. E, ao mesmo tempo, a Terra começou a existir no sistema solar. A Terra está interligada com os corpos cósmicos circundantes no espaço exterior, de acordo com a lei da gravitação universal de Newton, que controla o mecanismo de movimento de todos os corpos celestes do universo, incluindo o Sol e os seus planetas.

A fase inicial do desenvolvimento da crosta terrestre é caracterizada pelo desenvolvimento intensivo de processos geológicos, dando um carácter enterrado à forma geométrica da Terra.

É de notar que os processos de arrefecimento e solidificação da crosta primária ocorrem de forma mais gradual. Neste contexto, a espessura da crosta também aumenta gradualmente. A determinadas profundidades, a solidificação termina. No entanto, o aumento dos valores de temperatura e pressão não pára, e a crosta madura torna-se fundida a altas pressões e temperaturas, e permanece firmemente como forma plástica.

É possível que o aumento da espessura da crosta terrestre até à condição desejada tenha ocorrido em simultâneo com o desenvolvimento dos processos geológicos globais. E na medida em que a espessura da crosta é menor e a mobilidade é maior, a intensidade dos processos geológicos e tectónicos é reduzida.

Posteriormente, o papel da água foi de vital importância nos processos denudacionais, uma vez que a formação da água está aparentemente relacionada com a fase inicial da formação da crosta terrestre. Durante esta fase, o desenvolvimento da Terra parece ter criado condições favoráveis à condensação da água. A água é certamente separada da substância, que consistia em materiais solares durante as erupções protuberantes, e mais tarde participou na formação de bacias de água nos oceanos. O papel desta última na formação de ocorrências sedimentares terrígenas é maior.

É importante ressaltar que a desnudação que se torna peneplanície na superfície terrestre ocorre com a participação da água. Estas estão associadas à intensificação dos processos de denudação.

Simultaneamente, as águas superficiais encheram rapidamente os buracos, que são grandes relevos negativos da Terra em forma de oceanos e mares. A água na primeira fase de formação da Terra tinha um duplo significado. Por um lado, desempenhou um papel na formação da forma da Terra, ou seja, na sua forma esférica, mas, por outro lado, está ativamente envolvida nos processos de desnudação. Todos estes processos globais perceptíveis são caraterísticas das fases iniciais de desenvolvimento da Terra. Mais tarde, o desenvolvimento de processos geológicos na Terra dura e sua crosta é relativamente baixa, típica para corpos celestes esféricos, neste contexto, a intensidade dos processos geológicos é reduzida, e da mesma forma na crosta da Terra é relativamente fraco.

Após a formação da forma esférica da Terra, a sua crosta desenvolveu-se sob a influência de forças geodinâmicas, únicas no seu próprio território, cujas caraterísticas são descritas e analisadas em muitos trabalhos geológicos (2, 5, 9, 11, 12).

De acordo com a teoria apresentada, quando a solidificação atingiu a condição desejada, ou seja, a formação de uma crosta sólida, teve lugar a primeira fase da formação da crosta primária. Esta foi a fase inicial do desenvolvimento geológico da Terra. No entanto, a solidificação ocorreu de forma irregular. A relação com esta espessura resulta do seu carácter diferencial.

Simultaneamente, a delaminação no interior da Terra contribui para a formação de diferentes densidades da geosfera. Depois, os processos de desenvolvimento na Terra deram lugar à origem de fenómenos anómalos e de outros processos tectónicos que caracterizam a evolução da crosta sob a influência de forças geodinâmicas entre geosferas em mudança.

Após a formação da Terra, a crosta terrestre, como componente principal do invólucro externo da Terra, desenvolveu-se a partir da crosta oceânica inicial. Nesta altura, a crosta primária desenvolveu-se em diferentes condições tectónicas, o que subsequentemente causou uma mudança no seu carácter e estrutura externa, bem como interna.

8. DIFERENCIAÇÃO DA CROSTA TERRESTRE

Resumo

A crosta é dividida em zonas estáveis e móveis na perspetiva da teoria "Evolução geodinâmica da crosta terrestre" neste trabalho. Além disso, o seu estabelecimento é gerado por condições geotectónicas como resultado de processos de deslocação associados à rotação da Terra. Existem basicamente dois tipos genéticos de crosta: a crosta continental e a crosta oceânica, que diferem fortemente entre si, tanto na forma como na estrutura.

A crosta terrestre, após a sua formação, como componente principal do invólucro externo da Terra, passou por um longo percurso evolutivo com base na crosta oceânica primária. A crosta primária desenvolveu-se em vários e complexos ambientes geotectónicos. Mais tarde, estes ambientes geotectónicos complexos determinam e alteram a natureza e a estrutura da crosta, tanto em termos externos como internos. Assim, este trabalho tem como objetivo desmembrar a crosta terrestre numa variedade de tipos de crosta.

A diversificação da crosta terrestre é iniciada por duas partes: zonas estáveis e zonas móveis. Esta divisão baseia-se nas caraterísticas físico-mecânicas da crosta. A zona estável, onde os principais processos tectónicos são mais fracos do que os da zona móvel, distingue-se da zona móvel por ter uma estabilidade. Estas zonas não estão sujeitas a qualquer atividade vulcânica e os processos relacionados com a sismicidade são fracos. No entanto, os processos acima mencionados na zona móvel ocorrem ativamente, por vezes de forma catastrófica.

Todas estas particularidades que existem entre as zonas estáveis e as zonas móveis eram conhecidas anteriormente, e as suas razões são interpretadas sob um aspeto diferente (9, 11, 13). Existem diferenças significativas entre as zonas estáveis e móveis no aspeto genético, tendo em conta as suas condições geotectónicas de formação e ocorrência.

A nossa proposta de teoria "Evolução geodinâmica da crosta terrestre" baseia-se na rotação da Terra em torno do seu eixo. Esta teoria implica que a formação e a evolução dos processos geotectónicos são caracterizadas por princípios genéticos. Além disso, as forças que impulsionam todos os processos tectónicos estão associadas à rotação da Terra.

Verifica-se e comprova-se que a crosta primária tinha inicialmente um carácter e uma estrutura semelhantes à crosta oceânica, não existindo qualquer evidência sobre a crosta continental e seus derivados. Posteriormente, a crosta primária foi sujeita a diferentes transformações, resultando na forma e estrutura da crosta terrestre atual.

Como indicado acima, a crosta primária era monótona. A sua composição era muito próxima da selecionada a partir de erupções protuberantes. Estas substâncias, que eram originárias do Sol, foram sujeitas a uma transformação intensiva tanto na composição como na estrutura. Posteriormente, formaram a crosta primária, dissecada por um tipo genético distinto, que diferia fortemente das suas origens.

Estes materiais têm uma composição que varia em termos de forma e estrutura, bem como de aparência e outras caraterísticas. Aqui, notamos que a crosta do tipo oceânico foi formada ao longo da evolução da crosta terrestre. Tal como a crosta primária sofreu, a crosta posterior transformou-se durante as fases subsequentes da evolução da crosta, correspondendo bem aos princípios da teoria.

A crosta primitiva é uma crosta de tipo oceânico, que ocorreu nas primeiras fases do seu desenvolvimento. Este tipo de crosta formada deu lugar à formação de outros tipos de crosta (1, 3).

A nossa tarefa não inclui um estudo pormenorizado de um tipo específico de crosta. O facto de a crosta desencadear a deposição de todos os tipos de minerais é crucial para as geociências. Por isso, implica um exame exaustivo em todas as regiões do mundo. O nosso objetivo é distinguir as caraterísticas gerais dos tipos de crosta a partir da posição do nosso conceito proposto.

Assumimos que existem principalmente dois tipos de crosta genética: a primária e a sua derivada.

O primeiro tipo é o primordial como sua manifestação. A crosta primária, constituída por um aglomerado originário de materiais solares previamente extraídos do Sol durante erupções protuberantes, tinha uma composição semelhante à da Terra atual, podendo posteriormente ter sido diferenciada. Estes materiais foram provavelmente erupcionados de várias camadas do Sol, e pressupomos a sua composição diferencial. No entanto, à luz destes dados concluímos que a crosta primária tinha uma composição básica ou próxima da básica, adequada à teoria "Evolução geodinâmica da crosta terrestre".

É difícil imaginar ou simular a forma inicial da crosta, porque não existe informação pertinente para o efeito. No entanto, o trabalho que se impõe é a descoberta das suas relíquias. Estas encontram-se em todas as regiões do mundo sob a forma reduzida, como blocos separados, terranos e outros tipos de aglomerados, ou sob a forma dispersa, pelo que a sua deteção é possível e lógica.

O segundo tipo, mais comummente observado na Terra, é derivado do primeiro e também se divide em dois tipos genéticos: continental e oceânico. Destes, o tipo continental é muito diferente dos outros, tanto na estrutura como na idade, bem como na composição do material e noutras caraterísticas.

Este tipo de crosta teve lugar em diferentes ambientes tectónicos e ao longo de períodos distintos da sua evolução. Por isso, são extremamente diversificadas, o que se relaciona com a complexidade das suas condições de formação. Neste contexto, pressupomos como regra que cada região da Terra foi descrita por vários tipos de crosta.

A formação de qualquer crosta de tipo oceânico pode ocorrer sob diferentes condições geotectónicas. No entanto, a crosta de tipo oceânico difere da de tipo continental por ter uma estrutura simples e ser pouco profunda.

A sua idade pode abranger toda a história evolutiva da Terra ou as últimas fases do seu desenvolvimento, uma vez que foram formadas e preservadas até à data. Para além destas, são descritos outros tipos de crostas, incluindo as subcontinentais e suboceânicas.

Estes tipos mencionados são intermédios entre as crostas de tipo oceânico e continental, enquanto duas crostas originais estão em fase de formação.

Na literatura geológica, existem numerosos estudos sobre a caraterização e a descrição de certos tipos de crostas (12, 13). Para além disso, as suas caraterísticas físico-químicas são discutidas através de diferentes técnicas metodológicas, e identificadas e estudadas em rochas complexas, distinguindo os seus constituintes no que diz respeito às propriedades físicas, estrutura, composição química e mineralógica, etc. No entanto, isto não elucida o seu mecanismo de formação no aspeto genético e o seu papel no desenvolvimento das forças geodinâmicas, no que diz respeito à sua formação e evolução posterior.

O conceito sugerido envolve naturalmente uma crosta primária de tipo oceânico. No entanto, estes tipos de crosta formaram-se durante a formação da própria Terra, bem como nas fases subsequentes do seu desenvolvimento.

A maioria das antigas crostas de tipo oceânico formaram-se nos locais actuais da Terra (1, 2), onde a formação da crosta e a acumulação de substâncias que participaram na formação do nosso planeta devido a erupções protuberantes do Sol.

Isto aconteceu nas fases iniciais da formação de nove planetas no Sistema Solar. Portanto, uma estrutura de crosta oceânica não contém produtos de desnudação, ou seja, produtos modificados, incluindo ocorrências sedimentares e sedimentares terrígenas.

Assim, podemos afirmar com certeza que uma crusta de tipo oceânico envolve rochas completamente ou quase quase básicas, ou seja, um conjunto de rochas básicas como o basalto-gabro-piroxenito-dunito que se encontram pouco ou mal diferenciadas.

Uma crosta continental, pelo contrário, possui toda uma gama de tipos complexos de rochas, incluindo todas as variedades de rochas magmáticas, sedimentares e sedimentares terrígenas, bem como rochas metamórficas complexas transformadas.

As condições de formação que constituem as rochas crustais estão na origem da diversificação das rochas. É necessário notar que toda a literatura geológica disponível descreve um conjunto de rochas crustais.

Assim, a descrição acima está claramente associada aos princípios da teoria "Evolução geodinâmica da crosta terrestre". Toda a crosta terrestre é composta por uma combinação de crostas oceânicas e continentais.

Para além destas, existem outras variedades, como os tipos suboceânico e subcontinental, ambos localizados entre as crostas de tipo oceânico e continental. Além disso, a crosta de tipo oceânico ocorreu em todas as fases da evolução da crosta. Eram lat.

9. SOBRE A ORIGEM DAS FORÇAS GEODINÂMICAS E A SUA IMPORTÂNCIA NA EVOLUÇÃO DA CROSTA TERRESTRE

Resumo

Neste artigo, estudamos a origem das forças geodinâmicas e o seu papel na evolução da crosta terrestre. Verifica-se e prova-se que as forças geodinâmicas são as forças motrizes de todos os processos geotectónicos. Ou seja, os principais processos geotectónicos, como a origem da astenosfera, a atividade vulcânica, os sismos, os processos vulcanoplutónicos, as falhas profundas, a formação de montanhas, etc., estão sob a influência destas forças geodinâmicas.

A teoria apresentada, designada por "Evolução geodinâmica da crosta terrestre", é estabelecida com base na rotação da Terra. Os conceitos anteriores sobre a geotectónica não oferecem razões válidas para descobrir a origem de muitos processos geológicos, incluindo a origem dos processos vulcanotectónicos, os padrões de distribuição dos processos de deslocação, as verdadeiras razões para a formação de falhas profundas globais, a origem das zonas convergentes e divergentes, bem como as estruturas conjuntas nestas zonas, as razões para os eventos vulcânicos e sismos, o mecanismo de movimento das massas litosféricas e muitas outras questões.

Todas estas lacunas só podem ser complementadas à luz da influência das forças geodinâmicas, associadas à rotação da Terra, na formação dos processos geológicos.

As forças geodinâmicas são as forças motrizes de todos os processos naturais, incluindo os geotectónicos no conceito apresentado.

A Terra, após a formação final na esfera de influência do Sol, está localizada no local atual como um planeta do Sol. E a sua vida exterior está intimamente ligada ao Sol e a outros corpos celestes, particularmente dentro da esfera de influência do Sol. Assim, todos os processos internos, por exemplo geotectónicos, da Terra estão intimamente associados à sua rotação em torno do seu eixo.

Na verdade, o facto de as forças motrizes de todos os processos geotectónicos serem forças geodinâmicas, que estão associadas à origem e manifestação dos fenómenos naturais, especialmente tectónicos, pode ser considerado como axiomático.

As forças geodinâmicas são aplicadas com sucesso no desenvolvimento da teoria "Evolução geodinâmica da crosta terrestre" para determinar as verdadeiras causas de muitos fenómenos naturais. A existência e a origem destas forças geodinâmicas mostraram-nos inicialmente (2) que a sua origem era atribuída à rotação da Terra. A rotação da Terra ocorre em três áreas principais de forças geodinâmicas. Algumas delas são dirigidas de oeste para leste e outras dos pólos da Terra para o seu equador. Para além disso, a inter-relação destas forças é a outra direção das forças geodinâmicas de carácter tangencial (Fig.).

Como já foi referido, as forças geodinâmicas são as forças motrizes de todos os processos geológicos e tectónicos. Em particular, a ocorrência e a formação de um quadro global de falhas profundas, deslocações de massas litosféricas, a ocorrência de zonas divergentes e convergentes, o deslocamento (offset) entre geosferas na Terra, o movimento e a re-formação, bem como a acumulação de blocos crustais individuais, a formação de fenómenos anómalos, a formação de sistemas montanhosos, a formação de sistemas ilha-arco, a formação de zonas de subducção, de espalhamento e de fendas e outros processos estão diretamente sob a influência destas forças geodinâmicas.

Além disso, todas as rochas metamorfoseadas, que tiveram origem na crosta, ocorreram em várias condições geotectónicas, também associadas a forças geodinâmicas.

As forças geotectónicas são maiores nas cinturas equatoriais da Terra, uma vez que o impacto destas forças depende da distância do equador da Terra aos seus pólos, e diminui até zero nos pólos.

Esta circunstância é explicada pelo facto de as massas litosféricas terem uma mobilidade flutuante devido à influência das forças geodinâmicas, principalmente de oeste para leste, durante a rotação da Terra em torno do seu eixo. Nesta altura, os raios de rotação das massas nas cinturas equatoriais da Terra são mais importantes. Considera-se que o raio de rotação de qualquer massa transportadora é perpendicular ao eixo de rotação da Terra e que, quanto mais se afasta do equador em direção aos pólos, o comprimento dos raios da massa transportada diminui e, por conseguinte, naturalmente, a velocidade de transporte da massa litosférica diminui, respetivamente, com estes e com a intensidade dos processos geológicos e tectónicos. Assim, os representantes mais marcantes dos processos geológicos e tectónicos, como os eventos vulcânicos e os sismos, estão ausentes ou são insignificantes em qualquer zona dos pólos.

É de notar que as rochas vulcânicas que se encontram atualmente nos pólos são as rochas mais antigas da Terra e estão localizadas em áreas remotas dos pólos da Terra. E, mais tarde, estas deslocaram-se para as zonas polares, tanto no Ártico como no Antártico, as suas localizações actuais.

Assim, os factos e circunstâncias acima mencionados mostram claramente que as forças geodinâmicas têm um papel importante nas reconstruções paleotectónicas. Esta necessidade está também relacionada com o facto de que qualquer mudança no eixo de rotação da Terra alteraria a natureza e a direção das forças geodinâmicas, no que se relaciona com a direção da evolução em todos os processos geotectónicos.

Para interpretar a origem dos fenómenos anómalos, o papel das forças geodinâmicas é particularmente importante porque a origem dos depósitos minerais de tipo endógeno está intimamente ligada a estes fenómenos anómalos. É essencial notar que a existência e a formação de todos os depósitos minerais de tipo endógeno, sem qualquer exceção, estão intimamente associadas a processos vulcanoplutónicos, com origem na astenosfera.

De acordo com o conceito desenvolvido, a origem da astenosfera está intimamente ligada à rotação da Terra e provocou deslocações entre geosferas. E isto também está relacionado com as transformações de fase físico-químicas. Por fim, estas participam ativamente na constituição da astenosfera. A astenosfera desempenha um papel vital na evolução da crosta terrestre. Apesar de ser um derivado, a astenosfera ocorreu no fundo da geosfera adjacente (litosfera).

A astenosfera que suporta o manto é a fonte de alimentação das manifestações vulcanoplutónicas. Além disso, está ativamente envolvida na ocorrência e formação de redes globais de fracturação, que desempenham um papel ativo na normalização do interior da astenosfera. Além disso, está ativamente envolvido na ocorrência e formação de sistemas de dobragem de montanhas de diferentes tipos.

E, claro, os processos vulcano-tectónicos são alimentados pelo manto. Os processos vulcanoplutónicos existem nas zonas do manto superior, localizadas ao longo de falhas profundas, devido à queda de pressão. Aqui, há uma recuperação das transformações de fase físico-químicas das substâncias que contribuem para as manifestações dos processos vulcanoplutónicos. Os produtos magmáticos e as substâncias gás-fluídicas que os acompanham são obtidos como resultado destes processos derivados do manto. Estes produtos magmáticos sofreram transições de fase físico-químicas com a ascensão ao longo de fissuras profundas na crosta terrestre.

Estes produtos foram forçados a deslocar-se para cima na crosta terrestre. O processo de arrastamento dos produtos magmáticos e seus derivados com substâncias gás-líquido no caminho é seguido por processos de assimilação e diferenciação, que determinam a formação de depósitos de minério do tipo endogénico.

Estes processos resultaram na acumulação de vários componentes de minério na crosta terrestre. Mais tarde, estes aglomerados estão todos envolvidos na formação de depósitos minerais.

As forças geodinâmicas desempenham um papel crucial na deslocação das massas litosféricas. A deslocação das massas litosféricas, incluindo a crosta terrestre, ocorre sob a influência de forças geodinâmicas. Estas são: o mecanismo de movimento das massas litosféricas, a sua diversificação em partes componentes, bem como o seu papel na formação e distribuição de falhas profundas globais e a sua diferenciação ocorre sob a influência de forças geodinâmicas. Isto significa que todos os processos geotectónicos, tais como fenómenos vulcânicos, sismos, desmembramento da crosta terrestre, padrão de distribuição de muitos processos naturais, incluindo processos vulcânicos e sismos, ambos associados a forças geodinâmicas.

Resumindo o que foi dito acima, concluímos que as forças geodinâmicas têm um grande papel na evolução geodinâmica da crosta terrestre, e acumulam forças para participar ativamente em todos os processos geotectónicos que tiveram lugar em todas as esferas da Terra, não necessitando de provas.

10. SOBRE A ORIGEM E A CLASSIFICAÇÃO DAS FALHAS PROFUNDAS

Resumo

Este artigo procura elucidar a origem e os padrões de distribuição das falhas profundas a nível mundial, revelando também o seu significado na formação de minérios e mencionando a sua classificação. As suas caraterísticas são também verificadas na perspetiva da teoria "Evolução geodinâmica da crosta terrestre". Descrevem-se e caracterizam-se os principais tipos de falhas enterradas, bem como se revela o seu significado na evolução da crosta terrestre.

Existem várias falhas profundas na crosta terrestre no que diz respeito ao tipo genético e à idade. Por isso, o estudo destas falhas, que é objeto de numerosos trabalhos científicos, é de grande importância científica e prática.

No entanto, não se pode dizer que todos os problemas relacionados com as falhas profundas estejam completamente resolvidos. Há uma série de trabalhos de investigação sobre questões selecionadas para os problemas das falhas profundas em muitos aspectos. Incluindo estudos em pormenor e descrevendo numerosos tipos, estas fracturas estão amplamente desenvolvidas em várias regiões do mundo. O seu papel nos corpos geradores de minério é descrito, bem como a sua capacidade de controlo do minério no exemplo de diferentes tipos de crosta, por exemplo, Cáucaso, Urais, Ásia Central e outras regiões do mundo.

No entanto, a literatura geológica não tem conceitos geralmente aceites e circunstâncias correspondentes sobre as origens e os padrões globais de distribuição das falhas profundas, bem como sobre os seus padrões de distribuição no aspeto genético. Aparentemente, a falta de generalizações teóricas associadas a estas extensas fracturas, porque se desconhece que as falhas profundas enterradas, tanto globais como regionais-locais, têm origens comprovadas.

A teoria "Evolução geodinâmica da crosta terrestre", em contraste com as teorias e conceitos anteriores, pode encontrar soluções para muitas questões problemáticas em geociências, incluindo também as verdadeiras causas na origem das falhas profundas e os seus padrões de distribuição no aspeto genético.

A teoria apresentada é desenvolvida tendo em conta a rotação da Terra, que não é tida em consideração na construção de reconstruções teóricas anteriores. Por conseguinte, as teorias e os conceitos anteriores não permitem resolver muitas questões problemáticas que são objeto de um vivo debate entre os especialistas.

Estes problemas incluem questões como as causas da deslocação das massas litosféricas, a origem da astenosfera, a origem das redes de fracturas profundas, os seus padrões de distribuição e o caminho em que evoluíram, as fontes dos processos metamórficos, informações sobre a distribuição dos depósitos minerais e muitas outras questões relativas à geotectónica teórica.

As caraterísticas genéticas comuns de vários processos geológicos são apresentadas nesta secção com base na teoria apresentada. Além disso, há problemas relacionados com a ocorrência de falhas globais enterradas em profundidade e os seus padrões de distribuição na crosta terrestre, bem como a sua classificação.

O conceito que propusemos baseia-se no facto de todas as forças motrizes dos processos geológicos estarem geneticamente relacionadas com a rotação da Terra. Como indicado em trabalhos anteriores (1, 3), as forças geodinâmicas, que têm origem na rotação da Terra, têm influência no movimento das massas litosféricas.

Estas massas litosféricas deslocam-se de oeste para este e dos pólos da Terra para o seu equador. No entanto, as forças tangenciais, resultantes da relação entre as forças geodinâmicas acima referidas, complicam uma vez mais a natureza do movimento das massas litosféricas. Para além disso, a espessura da crosta sólida depende da velocidade do tipo diferencial das massas litosféricas.

E em conexão com estes movimentos tectónicos, as massas litosféricas movem-se sob a forma de cadeias de ondas (Fig.). Entre estas cadeias, as massas litosféricas ocorrem como uma variedade de deslocamentos que contribuem para a formação de falhas enterradas de carácter profundo de transformação variável.

O movimento das massas litosféricas ocorre em simultâneo com a deformação da crosta terrestre e dos vários blocos geológicos em posição. Aqui, notamos que o desmembramento da crosta terrestre em blocos geológicos resulta da natureza dos contornos geométricos, da espessura da crosta e da natureza das massas em movimento.

Existe uma regularidade definida entre a espessura e a granulometria dos blocos de construção, ou seja, a dimensão dos blocos crustais recém-formados, que têm uma relação direta com os contornos geológicos e estão sujeitos a deformações.

Que a rotação da Terra, que forma forças geodinâmicas, dá lugar à formação de várias zonas de compressão e tensão na direção meridional da Terra que também está relacionada com o movimento das massas litosféricas (Fig.). Tipicamente, qualquer zona de compressão na crosta pode ser traçada em direcções submeridionais como estruturas do tipo subducção. É também evidente que a zona de dilatação é observada sob a forma de zonas de espalhamento e de riftes em direcções submeridionais.

A origem e formação de estruturas de articulação/dobragem deve-se ao facto de os processos de ocorrência e formação de zonas divergentes e convergentes serem simultâneos. Além disso, estes processos globais ocorrem em simultâneo com a formação de falhas transformantes, que se localizam umas em relação às outras e subperpendiculares a estes processos globais, deslocando massas que contribuem para a formação de várias estruturas de dobragem em escalão (Fig.).

A revelação das razões da formação destas estruturas de dobragem permitiu o aparecimento de uma nova teoria designada por "Evolução geodinâmica da crosta terrestre".

A formação de formas geométricas nestas estruturas depende de muitos factores. Os principais factores são a sua localização e a velocidade de movimento das massas litosféricas. À medida que se localizam mais perto do equador, o seu tamanho aumenta, e à medida que se afastam do equador em direção aos pólos, diminui.

Os contornos da geometria em qualquer estrutura de flexão variam em função do carácter da massa deslocada. A própria deslocação está sob o controlo das forças geodinâmicas. O ângulo entre as zonas divergentes das falhas transformadas diminui proporcionalmente à redução da distância do equador aos pólos.

Outro fator importante que influencia a formação de estruturas de dobragem é a velocidade das massas litosféricas. Quando a taxa de deslocação das massas litosféricas aumenta, a frequência das estruturas de dobragem aumenta. Este é um fenómeno normal e está de acordo com os princípios do conceito apresentado.

Tudo o que foi descrito acima tem como objetivo contribuir para o estabelecimento de uma nova classificação das falhas profundas, de acordo com os princípios da teoria "Evolução geodinâmica da crosta terrestre" no aspeto genético.

Estas classificações também tentam realçar várias questões sobre as falhas enterradas em profundidade. Além disso, estas classificações baseiam-se no exemplo de algumas zonas de formação estrutural ou em algumas regiões selecionadas do mundo. No entanto, não existe uma generalização sobre as falhas profundas. Isto deve-se ao facto de não haver generalização em nenhuma teoria relativa à evolução da crosta terrestre, o que constitui, de facto, uma grande lacuna na geotectónica teórica.

Nos estudos geológicos existem muitos dados que descrevem geneticamente falhas profundas muito diferentes, na sua maioria descritivos. No entanto, não existe nenhum trabalho relacionado com as falhas profundas enterradas, que possa explicar as razões da ocorrência e formação de algumas falhas profundas no aspeto genético. Este problema constitui, de facto, um grave problema na literatura geológica. Esperamos que esta lacuna seja complementada pela nossa classificação baseada no princípio da teoria "Evolução geodinâmica da crosta terrestre".

Todas as falhas profundas ocorridas na crosta têm origem na rotação da Terra. Elas surgiram da inter-relação entre as matérias naturais como um carácter natural e dinâmico. Estas são resumidas como forças geodinâmicas, deslocação de massas litosféricas juntamente com a diversificação da crosta como zonas estáveis e móveis.

As falhas profundas acima mencionadas são classificadas geneticamente da seguinte forma e cada uma tem um tipo genético específico. Estas falhas profundas têm sido frequentemente categorizadas da seguinte forma

Existem três grupos de falhas profundas: globais, regionais e locais, respetivamente.

As falhas profundas globais são as falhas profundas que fazem parte das redes de fracturação globais que abrangem todo o globo. São as maiores falhas, que podem ser traçadas ao longo de centenas e até de alguns milhares de quilómetros em todo o mundo.

Estas falhas profundas foram essencialmente diferenciadas como os maiores blocos geológicos da crosta, bem como crostas de tipo variável, tanto estáveis como móveis.

Todas as principais estruturas da crosta, incluindo as zonas de espalhamento, subducção e rift, bem como as estruturas que as ligam entre si e a outros complexos nodais de tipo descontínuo, fazem parte de uma rede construída a partir de falhas globais profundas. Estas são originárias de falhas profundas globais, exceto as derivadas do manto.

De acordo com um novo conceito, as falhas profundas do segundo grupo, tais como as falhas profundas regionais, foram diferenciadas como grandes blocos geológicos, que se formaram em diferentes períodos geológicos, em contraste com os blocos geológicos continentais globais e estáveis comummente observados.

Estes grupos são falhas regionais, também amplamente distribuídas nos espaços das zonas móveis. O seu comprimento pode atingir mil quilómetros ou mais, bem como uma largura de dezenas de quilómetros nas zonas móveis, enquanto é cerca de duas vezes menor nas zonas estáveis. A maioria destas falhas são falhas profundas do tipo colisão. Apesar de se situarem em regiões estáveis, estão agora cicatrizadas e apresentam uma distribuição caracterizada por depósitos potencialmente portadores de minério em aureolas.

O terceiro grupo de falhas profundas é o mais difundido. Este grupo inclui todas as pequenas falhas profundas, típicas de distribuição localizada, que consistem essencialmente em parte de um grupo maior de falhas profundas, bem como geneticamente relacionadas com os grupos maiores de falhas profundas.

Resumindo as caraterísticas acima descritas sobre as falhas profundas na classificação, deve notar-se que a descrição acima é apenas uma separação condicional das falhas profundas na classificação.

Em seguida, utilizámos a teoria proposta, fornecendo caraterísticas genéticas de falhas profundas.

À luz dos princípios genéticos, as falhas profundas são divididas em quatro tipos genéticos, que diferem entre si tanto na génese como no ambiente:

1...Falhas profundas do tipo divergente
2. Falhas profundas de tipo convergente
3. Falhas profundas de tipo transformador
4. Falhas profundas do tipo colisão

As falhas profundas do tipo divergente, que cobrem toda a zona de extensão da crosta, são as falhas profundas mais frequentemente observadas.

A ocorrência e o mecanismo de movimento das massas litosféricas estão associados às forças geodinâmicas da Terra. Sob a influência destas forças, toda a crosta é exposta nos locais na direção leste, bem como dos pólos da Terra para o seu equador, que estão ligados à rotação da Terra.

A crosta terrestre, no que diz respeito às leis da isostasia, comporta-se de forma diferenciada consoante a sua espessura, afundando-se no manto superior. A crosta mais espessa penetra mais profundamente no manto do que a mais pequena. Neste contexto, torna-se mais estável, dificultando a aceleração do movimento do manto superior, enquanto a mais fina tem uma velocidade relativamente elevada, o que determina o carácter diferencial do movimento das massas litosféricas no manto superior.

Por sua vez, o movimento diferencial das massas litosféricas, incluindo a crosta, deve provocar a formação de zonas de compressão e de tensão na direção meridional, que alternam entre si na direção latitudinal (Fig.).

As zonas divergentes na crosta terrestre são representadas como zonas de espalhamento (Fig.) e zonas de rifte (Fig.).

Como se mostra, as estruturas de espalhamento derivam de zonas de tensão, que são representadas pelas falhas globais de primeira ordem, distribuídas na direção meridional e amplamente desenvolvidas nas cinturas equatoriais das bacias oceânicas.

Isto pode ser visto nos mapas morfoestruturais das bacias do Atlântico, do Pacífico e do Índico (ver Oceano Atlântico), onde as estruturas meridionais estão localizadas, intersectando falhas transformantes ali e em todo o lado e, por sua vez, alternando entre elas na direção meridional.

Algumas destas falhas transformantes apresentam indícios de serem falhas globais de primeira ordem, traçadas ao longo de vários milhares de quilómetros (Fig.), com base no conceito de fenómenos que vão da borda de um continente para as bordas de outro e que muitas vezes penetram no continente.

Entre as falhas profundas são descritas dezenas de falhas profundas. As falhas relativamente menores são do tipo transformante, que correspondem à classificação regional. Os seus traços caraterísticos podem ser descritos se a sua manifestação vulcânica for fraca ou ausente.

A natureza sinuosa da distribuição das zonas de espalhamento, ou seja, falhas profundas divergentes, formadas sob a influência ativa de falhas de transformação, dependendo da velocidade das massas litosféricas em movimento, onde a taxa de deslocamento das zonas de espalhamento tem uma natureza diferencial (Fig.). A velocidade de deslocação ao longo das zonas de expansão é claramente observada nos mapas morfoestruturais do fundo oceânico. A figura mostra que a maioria das falhas profundas transformantes globais está localizada perto das faixas latitudinais equatoriais e, à medida que a distância aumenta do equador para os pólos, a dimensão das falhas transformantes diminui e, nas faixas polares, não há atividade, pelo que os próprios pólos estão quase ausentes, o que é consistente com os princípios da teoria associada à rotação da Terra.

As falhas divergentes, cujas caraterísticas são descritas acima, em termos gerais, são observadas não apenas nas bacias oceânicas, mas também em todas as regiões do mundo. E são mais intensamente manifestadas na vizinhança das faixas equatoriais. As razões para a sua formação são claramente apresentadas na secção que trata dos padrões de distribuição das falhas profundas, na teoria "Evolução geodinâmica da crosta terrestre (1)".

No entanto, as caraterísticas de muitas estruturas geológicas descontínuas podem ser estudadas nas áreas das bacias oceânicas com base em mapas geomorfológicos do fundo oceânico.

Neste contexto, é provável que se revelem as principais caraterísticas das formações estruturais e perspectivas geomorfológicas nas bacias oceânicas, uma vez que estas não estão sujeitas a desnudação. De facto, é muito importante para a análise estrutural dos sítios geológicos necessários, bem como para a elucidação dos seus padrões de distribuição, o que é muito importante em estudos geológicos.

Ao contrário das bacias oceânicas, as formações geológicas terrestres de aspeto primitivo foram quase totalmente destruídas pela desnudação, o que dificulta os estudos geológicos.

Outras variantes de falhas divergentes, de acordo com a nossa teoria, são as falhas profundas do tipo rift. As falhas de fenda espalham-se principalmente na crosta de tipo continental. Muitas delas aparecem como zonas planas, pelo que a sua observação visual é significativamente dificultada. Só podem ser identificadas e estudadas através de estudos geológicos pormenorizados, efectuados com base em métodos geológicos bem conhecidos.

É de notar que todos os processos geológicos, incluindo as falhas profundas, foram iniciados juntamente com o desenvolvimento da Terra e da sua crosta.

Por conseguinte, a formação e o desenvolvimento de falhas profundas têm um carácter evolutivo. Nesta perspetiva, é possível inferir que as falhas profundas 48

por sua vez, ocorreram e evoluíram e, por fim, curaram-se, ou seja, terminaram a sua atividade no passado geológico. Grandes porções de falhas profundas herdaram provas da sua evolução.

As falhas profundas globais estão frequentemente envolvidas na formação e desenvolvimento de bacias oceânicas e de outras bacias hidrográficas. Um exemplo notável é a formação e o desenvolvimento do Oceano Atlântico e do Mar Vermelho, que ainda hoje continuam a expandir-se.

O segundo tipo genético de falhas profundas são as falhas convergentes. A ocorrência de falhas convergentes está intimamente ligada a zonas de compressão. Estas zonas de compressão, bem como as zonas divergentes de tensão, formam-se em direcções submeridionais. São formadas como resultado de movimentos diferenciais de massas litosféricas, naturalmente relacionados com a extensão das forças geodinâmicas que causam tensões dinâmicas na crosta terrestre.

De acordo com a teoria, as compressões ocorrem com maior intensidade nas grandes faixas de junção da crosta oceânica com a crosta continental, ou seja, entre vários tipos de crosta. Isto está associado a diferenças de movimento de alta velocidade ou de blocos geológicos de massas litosféricas em movimento, que também determinam a formação de uma zona de compressão (como as zonas de subducção na tectónica de placas).

O mecanismo de formação destas zonas de compressão na teoria proposta, bem como a tectónica de placas, é interpretado da seguinte forma: quando uma crosta oceânica densa e de baixa energia (crosta oceânica também no nosso exemplo) encontra uma crosta continental forte e relativamente menos densa, as leis da mecânica favorecem a crosta continental forte, mas relativamente menos densa.

Neste contexto, as camadas recém-formadas (primeira e segunda camadas das bacias oceânicas), que cobrem uma crosta de tipo oceânico durante a subducção, participam na formação de qualquer prisma acrecionário (Fig.). Isto é proposto pela teoria que interpreta as razões para a formação de acreção, porque elas podem não estar com uma crosta de tipo oceânico sob os continentes. Por isso, é necessário rasgá-las para formar prismas acrecionários ao longo das zonas de subducção.

De acordo com a teoria proposta, isto significa que a longitude perto das bandas equatoriais da Terra é quase constante. Por esta razão, a zona de compressão deslocada da zona de crescimento é natural na evolução da crosta terrestre.

No entanto, a compressão não é um processo que não possa ser restringido entre crostas de tipo oceânico e continental. O raciocínio lógico sustenta que o próprio processo tem uma distribuição mais alargada. O exposto acima confirma que o processo de compressão é amplamente distribuído, abrangendo todas as regiões do mundo. O seu papel é especialmente importante na origem e evolução de todas as transformações metamórficas. A elucidação das suas condições geotectónicas de formação tem um significado tanto teórico como prático.

A interpretação das verdadeiras causas dos fenómenos geológicos, incluindo os processos tectonomagmáticos e metamórficos, é de importância primordial para participar na formação de todos os tipos de minerais.

O terceiro tipo genético de falhas profundas são as falhas de transformação profunda. As suas origens, padrões de distribuição e manifestação estão intimamente ligados aos dois tipos genéticos anteriores de falhas profundas.

Como sugere a teoria, as falhas transformantes estão localizadas subperpendicularmente às falhas profundas divergentes e convergentes, que se formam durante o movimento das massas litosféricas sob a influência de forças geodinâmicas, associadas à rotação da Terra em torno do seu eixo.

As falhas de transformação profundas ocorrem durante o movimento das massas litosféricas. Pode ter havido um complexo quadro de tensões na superfície da Terra gerado nesta altura, como deslocamentos, removendo a formação de falhas transformantes e dividindo vários blocos geológicos da crosta.

As caraterísticas das falhas de transformação são semelhantes em todo o lado e a sua distribuição global é paralela entre si, independentemente da sua classificação e posição.

De acordo com o conceito proposto na teoria, as falhas de transformação podem ser distinguidas em dois tipos genéticos: carácter global-regional e carácter local. Como já foi referido, as falhas de transformação do tipo global-regional estão sempre dispostas paralelamente umas às outras, enquanto as falhas de transformação do tipo local se desenvolvem separadamente entre blocos geológicos, independentemente das falhas de transformação globais. É de notar que as falhas de transformação são arbitrariamente divididas em globais e regionais, mas a sua diversificação genética de uma para outra não é possível. Isto deve-se ao facto de o carácter da sua formação ser controlado por processos globais comuns, com exceção das falhas de transformação que estão geneticamente relacionadas com processos de colisão, cuja formação tem um carácter de desenvolvimento local.

No que diz respeito ao desmembramento das falhas de transformação pela classificação, trata-se apenas de uma separação condicional das falhas de transformação em magnitude.

Aqui, a primeira categoria é a das falhas de transformação global. As suas dimensões são medidas em milhares de quilómetros, transformadas para as localizações profundas nos oceanos Pacífico, Atlântico e Índico, como já foi referido, indo por vezes de um extremo ao outro do continente.

Existem falhas de transformação relativamente pequenas, à escala regional, entre estas falhas profundas globais. Estas apresentam condições gerais que se assemelham à formação de falhas globais, muitas vezes com uma extensão de meio milhar de quilómetros ou mais.

No que diz respeito à formação de falhas profundas transformadas de tipo local, são os tipos genéticos mais comuns que se observam em todos os tipos de blocos geológicos. A sua formação está intimamente ligada ao mecanismo de movimento separado das unidades geológicas individuais.

O quarto tipo genético de falhas profundas são as colisionais. Este tipo genético distribui-se principalmente nas zonas de colisão, e a sua formação está associada a processos colisionais, que se relacionam com o nível regional e local. Estes tipos genéticos distribuem-se principalmente nas regiões dobradas.

O exemplo mais marcante é o sistema de orogenia alpina, como é conhecido em muitos locais, uma vez que muitas cadeias montanhosas são geradas por processos de colisão.

Consequentemente, apresentamos uma classificação genética das falhas profundas em geral, com base na teoria "Evolução geodinâmica da crosta terrestre". Esta classificação permite uma nova abordagem a muitas questões fundamentais da geotectónica.

11. SOBRE OS PADRÕES DE DISTRIBUIÇÃO DAS FORÇAS GEODINÂMICAS NA TERRA E A SUA IMPORTÂNCIA NA EVOLUÇÃO DA CROSTA TERRESTRE

Resumo

Este estudo tem como objetivo clarificar os padrões de distribuição das forças geodinâmicas na superfície da Terra, que estão associadas à origem e formação dos principais processos tectónicos, juntamente com a origem da astenosfera, pluma, diapir, sutura, pontos quentes, formação de montanhas, bem como os seus padrões de distribuição na crosta.

Está definitivamente provado que a origem das forças geodinâmicas está associada à rotação da Terra, sob a influência da qual se desenvolvem e movem as massas da litosfera. Além disso, o processo de movimentação das massas litosféricas está relacionado com muitos processos geotectónicos e com a formação de várias falhas de tipo genético, incluindo as transformadas, a formação de estruturas de dobragem, indicando diferentes tipos como colisão e origem vulcânica.

Destas origens, a mais importante é a relacionada com o desenvolvimento da astenosfera, bem como outros fenómenos anómalos relacionados, como plumas, suturas, diapiros, todos eles intimamente ligados a forças geodinâmicas.

A natureza dos processos tectónicos acima referidos está intimamente ligada à origem das forças geodinâmicas e aos seus padrões de distribuição na Terra e na sua crosta. Estas forças geodinâmicas são dirigidas de oeste para leste e dos pólos da Terra para o seu equador, tal como a inter-relação destas forças, suportando outras forças geodinâmicas de carácter tangencial.

Todos os processos que estão associados ao movimento das massas litosféricas ocorrem sob a influência de forças geodinâmicas. Estes incluem a construção de montanhas, a formação de falhas, os processos vulcanoplutónicos, bem como o movimento das massas litosféricas.

As forças geodinâmicas são as principais forças motrizes que provocam a deslocação dos continentes, tal como referido noutros estudos (1, 2).

As reconstruções geotectónicas anteriores sobre a deriva dos continentes são discutíveis. Apesar desta riqueza acumulada de material factual que permitiria a criação de um conceito maduro, que poderia explicar as verdadeiras razões para a formação e o padrão de distribuição de muitos processos geotectónicos, não existe nenhum conceito certamente verificado sobre esta questão.

Assim, as restrições teóricas para a geotectónica tinham muitas lacunas e deficiências, o que levou a muitas discussões entre os especialistas. A principal desvantagem destes conceitos é o facto de não terem tido em consideração a rotação da Terra e os seus efeitos prováveis nos processos terrestres. Por isso, a teoria "Evolução geodinâmica da crosta terrestre" tem uma grande importância.

Todas as opções possíveis analisadas para influenciar a rotação da Terra, ou seja, os processos terrestres, são utilizadas sem rejeitar as leis da física e da mecânica. Assim, os fenómenos naturais que ocorrem na Terra e na sua crosta, incluindo os processos geotectónicos, são analisados para revelar as suas principais caraterísticas.

O desenvolvimento de tal conceito visa procurar as verdadeiras razões para a formação de cada processo natural, bem como a sua relação com outros fenómenos naturais. Com o passar do tempo, foram-se acumulando muitos materiais, vastos materiais que ajudam a atingir o objetivo pretendido. Estes dados e informações recolhidos deram lugar a muitas questões.

Os principais marcos são as forças que impulsionam todos os processos geológicos. Todas as opções possíveis analisadas para influenciar o desenvolvimento dos processos geotectónicos são forças internas e externas. Como resultado destes estudos, verifica-se que todos os processos naturais estão inter-relacionados, mas ainda não se sabe quais são as principais forças motrizes dos processos naturais, incluindo os processos tectónicos.

Foi necessário analisar o aparecimento de numerosos factos fiáveis para determinar as verdadeiras causas da formação e dos padrões de distribuição dos processos geotectónicos globais.

Há muitas questões problemáticas a resolver, incluindo os desvios continentais, a mudança de posição de um local da Terra em relação ao outro, os padrões de distribuição e as manifestações da atividade vulcânica e dos sismos, o desmembramento das zonas móveis e estáveis da crosta terrestre, padrões de distribuição de elementos descontínuos, fenómenos vulcânicos e sismos na ausência de pólos da Terra, fiabilidade das forças de Coriolis, centro gravitacional modificado na Terra, exatidão dos factos sobre os refluxos e marés, caraterísticas morfoestruturais dos oceanos, rotação da Terra em torno do seu eixo, etc. factos fiáveis, à luz das leis e regras da física e da mecânica e, naturalmente, das ciências naturais e geociências, que permitem concluir que as principais forças motrizes destes fenómenos naturais, bem como os processos geotectónicos, estão associados a forças geodinâmicas externas.

Assim, quando se desenvolve a teoria "Evolução geodinâmica da crosta terrestre", esta baseia-se na rotação da Terra em torno da sua vespa. Utilizando esta posição analisada, os principais processos naturais e geotectónicos são revistos. Verificou-se que as forças que impulsionam os processos geotectónicos são forças geodinâmicas que estão associadas à rotação da Terra em torno do seu eixo.

Foi assim que nasceu a teoria "Evolução geodinâmica da crosta terrestre", que nos permite determinar as verdadeiras causas de muitos processos naturais, ou seja, geotectónicos.

A teoria "Evolução geodinâmica da crosta terrestre" tem um carácter evolutivo no aspeto natural e histórico. Isto também está relacionado com o facto de que uma mudança ocorrida no eixo de rotação da Terra altera o carácter e a direção das forças geodinâmicas, associadas à sua rotação.

Por sua vez, qualquer mudança no eixo de rotação da Terra deve-se a factores externos e internos, combinados com o seu desenvolvimento e evolução.

Os principais factores entre estes são os refluxos e as marés, juntamente com a desnudação. Estes processos globais mencionados causam algumas alterações nos parâmetros geométricos da Terra, que por sua vez são influenciados por alterações no seu centro gravitacional. Além disso, todos os processos geotectónicos têm experimentado um carácter e uma direção de desenvolvimento com a evolução, associados à evolução da crosta terrestre.

Assim, o acima exposto mostra claramente que as forças geodinâmicas são a principal fonte de energia a partir da qual se originaram todos os processos tectónicos. Estes continuam a ocorrer na crosta terrestre devido à rotação da Terra.

Os processos de deslocação têm lugar na crosta terrestre sob a influência de forças geodinâmicas. É certo que a deslocação é, por natureza, um processo muito complexo, mas é um fenómeno interessante, que está ativamente envolvido na história evolutiva da crosta terrestre.

Estes fenómenos contêm uma série de grandes processos geotectónicos, como a formação e a disseminação dos principais elementos descontínuos na crosta terrestre, bem como os seus padrões de distribuição, o que está relacionado com muitos processos globais.

Estes processos compreendem vários tipos genéticos de processos de construção de montanhas, incluindo a ocorrência e formação de estruturas montanhosas de tipo deslocado e vulcanogénico, a formação de diferentes falhas profundas de tipo genético, a origem de erupções vulcânicas e sismos, o desmembramento da crosta terrestre, os padrões de formação e distribuição de processos metamórficos, a ocorrência de zonas divergentes e convergentes e os processos associados de espalhamento, subducção, rifting, arco-ilha e muitos outros. Todos estes resultados sugerem que as forças geodinâmicas são as principais forças motrizes dos processos geotectónicos na crosta terrestre.

12. O MECANISMO DE FORMAÇÃO DE ESTRUTURAS A PARTIR DA POSIÇÃO DA TEORIA "EVOLUÇÃO GEODINÂMICA DA CROSTA TERRESTRE"

Resumo

Neste trabalho são apresentadas as condições actuais de formação de diferentes estruturas no aspeto genético, no que diz respeito à teoria "Evolução geodinâmica da crosta terrestre". Tentou-se também identificar vários tipos de estruturas de dobragem de montanhas, incluindo deslocação, colisão, vulcanogénicas, e explorar os seus mecanismos de formação.

Muitos trabalhos científicos são dedicados ao problema da formação de montanhas, bem como às suas questões individuais. Discute-se amplamente as suas origens, mecanismos de formação, estrutura, caraterísticas estruturais e muitas outras questões relacionadas com os processos de construção de montanhas. As questões específicas relacionadas com a origem e a sua formação são objeto de muitos trabalhos científicos teóricos (7, 10, 11, 12, 13), não havendo necessidade da sua apresentação num aspeto crítico. No entanto, é de notar que estes trabalhos abrangeram amplamente muitas questões de estrutura como perspetiva teórica e serviram praticamente como um ramo das ciências geológicas.

Resumidamente, constatamos que estes ou outros problemas relacionados com os processos de construção de montanhas em diferentes aspectos, tanto genéticos como descritivos, são discutidos por numerosos trabalhos científicos no exemplo de algumas estruturas montanhosas a nível mundial (9, 10).

No entanto, a origem dos padrões de distribuição e a sua classificação genética ainda não foram desenvolvidas, o que constitui uma lacuna importante para os estudos geotectónicos. A nossa missão é preencher esta lacuna com a posição de uma nova teoria.

Dispomos de uma explicação global para a origem e formação das montanhas a partir da teoria da "Evolução geodinâmica da crosta terrestre". Esta teoria apresenta uma nova abordagem para resolver muitas questões fundamentais relacionadas com a geotectónica, incluindo o problema da formação de montanhas.

Aqui, notamos que a aplicação da rotação da Terra e a contabilização das forças geodinâmicas, cujas origens estão intimamente ligadas à rotação da Terra, é uma revolução na geotectónica, tornando também a base teórica das geociências. Esta teoria baseia-se em leis físico-químicas e mecânicas, que são enumeradas em secções separadas desta obra. Por conseguinte, a natureza dos processos geológicos e tectónicos conhecidos, bem como as suas caraterísticas, estão muito bem relacionados com o princípio desta teoria, o que constitui a principal vantagem desta teoria sobre a geotectónica.

As ocorrências geotectónicas, incluindo o processo de construção de montanhas, são produtos transformacionais de quaisquer formas componentes da crosta terrestre.

Os processos transformativos são sempre processos contínuos. Algumas variedades genéticas de estruturas geológicas são formadas e destruídas, o que é fundamental para o desenvolvimento de outras variantes genéticas. Este carácter é a natureza evolutiva da crosta.

Além disso, o curso do desenvolvimento é típico das formas estruturais das montanhas envolvidas na estrutura da crosta como um todo.

A teoria "Evolução geodinâmica da crosta terrestre" afirma que todos os processos acima referidos, envolvidos na transformação da crosta terrestre, ocorrem naturalmente sob a influência de forças geodinâmicas, cujas principais caraterísticas são descritas nas secções relevantes desta teoria.

Existem estruturas de montanha de tipo genético distintas, que se desenvolveram sob a influência destas forças. As principais são as seguintes:

1.   A origem das estruturas montanhosas de tipo vulcanogénico;
2.   A origem das estruturas montanhosas do tipo deslocação;
3.   A origem das estruturas montanhosas de tipo colisão;

Estes tipos genéticos de estruturas montanhosas formaram-se sob a influência de forças geodinâmicas. No entanto, as suas condições de formação geotectónica e o mecanismo de formação variam em relação ao carácter de desenvolvimento. Além disso, a formação de várias estruturas, independentemente do seu carácter genético, envolve processos globais importantes que estão bem ligados aos princípios da nova teoria. Estes processos globais incluem, em grande parte, o movimento global das massas litosféricas, o aparecimento de redes globais de fracturação, a origem de fenómenos anómalos, processos de deslocação, etc.

Cada tipo genético de estruturas montanhosas, independentemente das suas formas de ocorrência, está geneticamente intimamente relacionado com os processos globais acima referidos. Para estabelecer a sua génese, é essencial conhecer um número de registo para o carácter complexo das circunstâncias, incluindo a sua localização, caraterísticas estruturais, estrutura interna, tempo de formação, etc.

1.   A origem das estruturas montanhosas de tipo vulcanogénico.

As estruturas montanhosas de origem vulcânica abrangem áreas amplamente desenvolvidas em todas as regiões do mundo. A maior parte delas localiza-se normalmente ao longo de falhas profundas globais e regionais. Estas falhas profundas podem ser de diferentes tipos genéticos que provavelmente determinam factores na formação de estruturas vulcânicas.

São representadas principalmente por falhas profundas globais de tipo divergente, convergente e transformante, amplamente distribuídas em todo o mundo. A maior parte da formação de montanhas vulcânicas na Terra está ligada a processos globais. As estruturas montanhosas de nível relativamente baixo do mundo estão, naturalmente, associadas a um nível inferior de falhas profundas.

As estruturas montanhosas são marcadas por formas geométricas e tendem a alongar-se, o que está relacionado com o carácter, a forma e as fileiras de falhas profundas, que são canais de magma subjacentes à água. Quando estas estruturas se formaram, envolveram principalmente produtos vulcânicos. O envolvimento de outras rochas de tipo genético depende principalmente das suas condições geotectónicas de formação, ou seja, se ocorrem em condições continentais ou submarinas, o que é de particular importância.

A formação de estruturas de montanha envolve uma condição geotectónica específica para a sua formação, que também está associada à complexidade do processo, caracterizada pelas condições típicas desta fase da formação geotectónica das estruturas de montanha. Esta complexidade reside no facto de a natureza dos movimentos tectónicos depender de muitos factores, bem como dos processos que os acompanham.

Entre estes, existem tipos e capacidades da crosta terrestre, que estão na origem da formação das estruturas montanhosas. Cada região tem uma forma distinta, devido ao seu carácter no desenvolvimento tectónico da região.

As caraterísticas distintivas das estruturas das montanhas vulcânicas são conhecidas pelas suas formas geométricas alongadas, que estão associadas à forma e às caraterísticas das falhas profundas. Por vezes, as estruturas vulcânicas de origem montanhosa são arredondadas, podendo ser formadas principalmente por duas causas:

Algumas delas podem ser formadas nas secções centrais de plataformas estáveis, mas de grandes dimensões. Exemplos impressionantes deste tipo são as grandes estruturas montanhosas, situadas no meio de plataformas africanas como o Monte Kilimanjaro.

Outras estruturas montanhosas de origem vulcânica são observadas nas junções de várias falhas profundas de tipo genético que estão associadas a erupções vulcânicas activas.

O facto de serem compostas principalmente por formações vulcânicas é uma das principais caraterísticas das estruturas das montanhas vulcânicas.

Além disso, os complexos vulcânicos, envolvidos na estrutura de um tal tipo de construção de montanha, não são classificados e não são processados, como o direito de manter a sua forma de ocorrência primitiva no sentido mecânico, típico das estruturas de montanha vulcanogénicas.

O que precede mostra que a formação de estruturas montanhosas de origem vulcânica está intimamente associada a falhas profundas, que eram canais de magma subjacentes à água. Como já foi referido, são maioritariamente compostas por formações vulcânicas e ocorreram ao longo de cinturas vulcânicas da Terra.

2.A origem das estruturas montanhosas do tipo deslocação.

Estas estruturas montanhosas de tipo genético estão amplamente distribuídas por todo o mundo. A sua origem está associada a processos de deslocação. Esta estrutura montanhosa de tipo genético apresenta um padrão de desenvolvimento que está de acordo com o padrão da história da evolução tectónica dos processos de deslocamento. Os processos de deslocação tiveram origem na litosfera terrestre, que se distribui regularmente sob a influência de forças geodinâmicas, como indicado em outras secções deste trabalho com detalhes. No entanto, devemos também referir que estes processos desempenham um papel importante na origem das estruturas montanhosas do tipo deslocação. Estas zonas de tensão são formadas por processos de deslocação.

Estas zonas de tensão estão sob a influência de forças geodinâmicas e distribuídas ao longo de meridianos, que são na sua maioria perpendiculares à direção principal das forças geodinâmicas na Terra, com a direção leste.

Para além destas, existem zonas sublatitudinais de tensões devidas às forças centrífugas da Terra, as mais pronunciadas, que se localizam perto das faixas equatoriais. Ao mesmo tempo, para além das acima referidas, existem outras zonas de forças geodinâmicas com tendência para sudeste no hemisfério norte e noroeste no hemisfério sul. Estas forças foram geradas como resultado da relação entre duas forças opostas que têm uma direção sudeste no hemisfério norte e uma direção nordeste no hemisfério sul. Ao longo das zonas de tensão acima mencionadas, a deslocação das massas litosféricas ocorreu e ocorre habitualmente, com a qual se ligaram processos de construção de montanhas.

Todos estes processos de construção de montanhas, originados por condições geodinâmicas muito complexas, são causados por relações complexas com o padrão de distribuição das forças geodinâmicas em desenvolvimento. A área de influência destas forças geodinâmicas deve-se à sua localização relativamente aos pólos e ao equador.

À medida que a distância do equador aumenta, os processos de formação de montanhas enfraquecem e as bandas próximas de zero são quase inexistentes devido à diminuição dos raios de rotação das massas litosféricas, que são perpendiculares ao eixo de rotação da Terra. Os processos de formação de montanhas mais intensos ocorrem nas faixas latitudinais, localizadas perto do equador, e vice-versa.

No que diz respeito à regularidade da localização dos sistemas de dobragem de montanhas, esta depende de muitos factores. Os principais são a natureza e a direção das forças geodinâmicas, a localização em relação aos pólos e ao equador, o carácter da massa litosférica (potência, estabilidade, composição do material, estrutura, grau de deformação, etc.), especialmente os deslocamentos, etc.

A análise dos factores acima descritos, tendo em conta os princípios da teoria "Evolução geodinâmica da crosta terrestre", permite-nos dizer que o sistema de formação de montanhas de origem deslocada é o tipo de montanha mais comum. A sua estrutura, as caraterísticas dos componentes das rochas complexas, a sua composição real e mineral, a formação da forma, os parâmetros geométricos muito diversos, tudo isto está relacionado com a sua prevalência.

Neste ponto, deve notar-se que os processos de deslocação, bem como outros processos globais que estão geneticamente relacionados com a geodinâmica na crosta terrestre, têm um carácter de desenvolvimento comum, que é controlado por forças geodinâmicas globais que contribuem para o carácter global dos processos tectónicos, incluindo a deslocação. Por conseguinte, os processos de deslocação, bem como outros processos geotectónicos globais, manifestam-se mais fracos nos pólos da Terra do que no equador.

3. Origem das estruturas montanhosas de tipo colisão.

Estruturas montanhosas do tipo colisão formadas no embasamento de zonas móveis, cobrindo vastas áreas, onde existe uma variedade de processos geotectónicos importantes, também de colisão à escala global.

Os processos de colisão, de acordo com os princípios da teoria "Evolução geodinâmica da crosta terrestre", dividem-se principalmente em processos de colisão globais comuns e processos de colisão globais transversais.

Os processos de colisão global ocorrem normalmente em campos de tensão com carácter regional e local. Os processos de colisão com carácter regional manifestam-se como deslocamentos regionais, que têm cursos gerais de desenvolvimento, pelo que é difícil distinguir uns dos outros. No que diz respeito às estruturas montanhosas locais do tipo colisão, também existem algumas estruturas montanhosas do tipo deslocação, que têm, de facto, uma forma semelhante ao curso de formação.

As estruturas montanhosas do tipo colisão têm uma origem associada ao desenvolvimento autónomo de grandes blocos geológicos estáveis, muitas vezes em conjunto com blocos geológicos estáveis vizinhos que se juntam para a formação de estruturas montanhosas do tipo colisão.

As caraterísticas específicas das estruturas montanhosas de tipo colisão dependem muito da natureza evolutiva dos blocos geológicos estáveis, diretamente envolvidos na sua formação.

Estruturas montanhosas do tipo colisão, com forma geométrica própria, formadas devido ao carácter dos movimentos de blocos geológicos estáveis.

No que diz respeito à formação de outras caraterísticas nas estruturas montanhosas do tipo colisão, estas podem ser extremamente diversas, tanto em aspectos morfo-estruturais como genéticos, o que, em conjunto, pode predeterminar a forma estrutural e genética das estruturas montanhosas do tipo colisão.

Partindo do princípio que as estruturas de dobragem do tipo colisão podem ser formadas em diferentes regiões do mundo, bem como em diferentes ambientes geotectónicos, é fácil assumir que também devem diferir entre si, tanto no aspeto genético como nas caraterísticas morfo-estruturais.

A formação de estruturas montanhosas, que é acompanhada por vários processos mecânicos que contribuem para a ocorrência e formação de diversas estruturas de dobragem de montanhas.

O teor de minério das estruturas montanhosas do tipo colisão depende em grande parte das caraterísticas da sua estrutura interna. Por sua vez, a estrutura interna e a formação de estruturas de dobragem estão associadas a processos globais e à sua atividade. Os processos geotectónicos globais constituem um fator importante na história evolutiva de cada região.

Os processos globais em cada região ocorreram de forma independente. O seu enriquecimento em teor de minério está relacionado com as suas próprias caraterísticas.

Assim, os materiais de estruturas montanhosas acima mencionados mostram que o desmembramento das estruturas montanhosas no aspeto genético é de importância tanto científica como prática.

No desenvolvimento de qualquer trabalho de investigação e exploração, a integração dos resultados dos estudos científicos é muito importante de um ponto de vista económico.

13. SOBRE A ORIGEM DOS VOLCANOS E TERRAMOTOS
Resumo

Neste trabalho tentamos explicar a origem da atividade vulcânica e dos sismos, bem como averiguar a sua relação na perspetiva da teoria "Evolução geodinâmica da crosta terrestre". É de notar que ambos os processos estão inter-relacionados, ocorrem frequentemente em simultâneo e são processos geneticamente relacionados, pelo que a sua origem e formação resultam do envolvimento ativo da astenosfera, das falhas profundas e de outros processos geotectónicos.

Estes majestosos fenómenos naturais, como as erupções vulcânicas e os sismos, ocorrem durante toda a história do desenvolvimento tectónico da crosta terrestre, desde o início da sua formação. Ambos os fenómenos, processos inter-relacionados que participam ativamente em toda a história da Terra, estão intimamente ligados à vida interior da Terra, também associada à sua vida interna e externa nas suas fases de evolução tectónica.

A atividade vulcânica é um processo generalizado, que foi acompanhado por erupções intensas em muitas regiões do mundo. Os povos antigos imaginavam-nas como muitos mitos de carácter religioso sem um fundamento científico.

No futuro, com o desenvolvimento das ideias científicas, as pessoas tentaram aprender a proteger-se dos acontecimentos desastrosos, utilizando a melhor compreensão da natureza deste fenómeno. No entanto, ainda hoje é impossível avisar ou prever catástrofes naturais, tais como erupções vulcânicas e terramotos, que surgem frequentemente de forma súbita, tornando difícil a proteção contra tais ocorrências.

Tendo em conta o que precede, a única forma segura de resolver este problema é descobrir os padrões de distribuição destes magníficos fenómenos naturais, como as erupções vulcânicas e os sismos. No entanto, é impossível criar uma teoria com base científica que possa determinar não só os padrões de distribuição destes fenómenos, mas também proporcionar uma oportunidade para esclarecer muitas outras questões preocupantes relacionadas com estes fenómenos naturais que têm significado científico e prático sem conhecer a causa exacta das manifestações destes fenómenos naturais.

No entanto, os conceitos geotectónicos multifuncionais têm como objetivo criar uma base científica que permita a elucidação das muitas questões discutíveis em geologia. Apesar disso, não existe até agora nenhum conceito universalmente aceite entre os conceitos estabelecidos. Estes conceitos apresentam muitas lacunas e deficiências.

Assumimos que estes conceitos têm desvantagens principais, relacionadas com o estabelecimento destes conceitos, porque os seus autores não prestaram a devida atenção à rotação da Terra em torno do seu eixo, associada à origem das forças geodinâmicas, que são vitais na evolução da crosta.

Quando criámos a teoria da evolução geodinâmica da crosta, foi dada a maior importância a este fenómeno como forças geodinâmicas na Terra. Neste contexto, esta teoria está bem estabelecida através da revisão cuidadosa de todos os detalhes sobre o desenvolvimento e a evolução de todos os processos geológicos, incluindo a tectónica, as erupções vulcânicas e os sismos.

As análises sobre o desenvolvimento e a evolução destes processos permitiram chegar à conclusão inequívoca de que todos os processos são analisados em excelente concordância com a teoria desenvolvida para explicar o seu valor, bem como garantir a utilidade para exigir a sua melhoria.

Apesar do facto de o autor ter tido este problema há cerca de quarenta anos, aqui deve ser notado que existem todas as questões novas e emergentes relacionadas com a geologia, exigindo a sua própria explicação, que foi resolvida com sucesso com posições dos princípios estabelecidos pela teoria "Evolução geodinâmica da crosta terrestre".

O presente trabalho centra-se na origem dos vulcões e dos terramotos. Ambos os processos são os fenómenos geológicos mais marcantes, que, ao contrário de outros processos, não são acessíveis à observação visual, mas de grande interesse para todos.

Muitos processos globais estão inter-relacionados como reacções em cadeia, o que, por um lado, dificulta a determinação da sua natureza, mas, por outro lado, permite uma análise complexa e reveste-se de grande interesse científico e prático.

Neste contexto, podemos considerar três ou quatro processos globais inter-relacionados.

Por exemplo, a origem da astenosfera, a pluma, a sutura, os diapiros, etc., são caraterísticas que se classificam como fenómenos geológicos anormais, bem como as forças geodinâmicas na Terra, a origem dos vulcões e dos sismos.

Abordámos todas as secções deste trabalho sobre a origem das forças geodinâmicas, porque as forças geodinâmicas são o pilar da teoria desenvolvida na origem, que estão intimamente ligadas à rotação da Terra.

Sob a influência destas forças geodinâmicas, as massas litosféricas foram sujeitas a deslocamentos, o que resultou na ocorrência da astenosfera e de outras zonas de fenómenos anómalos na Terra. Por isso, a astenosfera é a fonte dos principais processos tectonomagmáticos, com os quais se relacionam muitos eventos magmáticos e tectónicos. Esta categoria também inclui a formação de minérios, processos de assimilação e diferenciação, a ocorrência de complexos ígneos e a sua fragmentação como vários produtos em composição. Isto é de grande importância nos processos de formação de minérios.

A origem da astenosfera envolve principalmente duas geosferas da Terra: a litosfera e o manto superior. Estas camadas adjacentes da Terra estão sob a influência de forças geodinâmicas, movendo-se de oeste para leste, onde em relação às suas diferentes densidades, têm variado em velocidade, ou seja, a geosfera densa tem uma velocidade de movimento maior do que a de baixa densidade. Esta ligação entre estas duas geosferas na Terra formou deslocamentos que acompanharam a formação da astenosfera devido ao aumento da temperatura e da pressão. Este processo abrange toda a área entre as geosferas, que se reflectem num aumento da intensidade das transições de fase físicas e químicas, determinando a formação da astenosfera.

Neste caso, é de notar que a energia da astenosfera nem sempre é a única, o que está de acordo com o princípio da teoria. De acordo com esta teoria, as transformações de fase ocorrem rapidamente e a astenosfera é mais forte aí e vice-versa.

Por conseguinte, a zona astenosférica mais poderosa está localizada sob o bloco geológico mais móvel da crosta. A zona astenosférica mais pequena situa-se sob o bloco geológico mais estável da crosta, que pode mesmo ser encravado.

De um modo geral, a formação da astenosfera sob a litosfera desenvolve-se logicamente e está bem ligada à nossa teoria. Este padrão é o de que os pólos da astenosfera estão ausentes e os mais afastados em direção ao equador aparecem, e o equador atinge o seu valor máximo. Este padrão também é observado entre as zonas móveis e estáveis da litosfera, o que também leva a que a astenosfera tenha o maior valor nas zonas mais móveis e o menor nas zonas mais estáveis.

O padrão de distribuição observado dos fenómenos astenosféricos é perfeitamente consistente com o padrão de distribuição dos fenómenos vulcânicos e dos sismos.

O acima exposto mostra que as erupções vulcânicas têm origem na astenosfera, ou seja, as fontes dos fenómenos vulcânicos são certamente a astenosfera e os seus produtos.

E como ocorrem as erupções vulcânicas, qual é o mecanismo das suas manifestações?

A teoria "Evolução geodinâmica da crosta terrestre" responde com bastante segurança a estas questões.

De acordo com a teoria "Evolução geodinâmica da crosta terrestre", o aparecimento de erupções vulcânicas está claramente ligado a falhas profundas globais. Os padrões de ocorrência e distribuição das falhas profundas são cruciais para a formação e distribuição dos fenómenos vulcânicos na crosta terrestre. As falhas profundas ocorrem na litosfera sólida, determinando o carácter de qualquer estrutura de blocos crustais. Por sua vez, estes blocos são delineados por diferentes falhas profundas de tipo genético, muitas das quais são águas subterrâneas magmáticas.

Isto deve-se ao facto de as principais falhas profundas, que formam partes da crosta terrestre, juntamente com os blocos de crosta, estarem localizadas acima da astenosfera, também uma fonte potencial de actividades vulcanoplutónicas.

As transições de fase físico-químicas ocorrem também entre outras geosferas da Terra, representadas por vários fenómenos anómalos como plumas, diapiros, suturas, etc., que estão pelo menos diretamente envolvidos em vários processos associados à crosta terrestre.

Todos os processos descritos acima são acompanhados por fenómenos físico-mecânicos como os sismos, que são um dos maiores fenómenos geológicos da Terra, ocorrendo todos os dias em quase todas as suas áreas.

Na perspetiva da teoria "Evolução Geodinâmica da Crosta Terrestre", os processos vulcânicos são formas terrestres de transições de fase físico-químicas, ocorrendo entre várias geosferas da Terra, e os sismos são as suas expressões mecânicas e físicas que ocorrem em todas as suas esferas. Esta é uma prova clara de que estes grandes fenómenos geológicos, tanto a nível genético como mecânico, estão inter-relacionados e têm fontes de energia comuns, o que é claramente inconsistente com os princípios básicos da teoria.

Assim, com base no que precede, deve notar-se que todos os processos geológicos globais, incluindo a atividade vulcânica e os sismos, são processos inter-relacionados. Por conseguinte, o estudo dos processos geológicos exige uma abordagem global para identificar as suas caraterísticas de forma coerente. Com base na análise dos fenómenos vulcânicos e sísmicos, pode chegar-se a uma conclusão comum de que qualquer fonte de energia única está ligada a transições de fase físico-químicas entre geosferas e às suas diferentes manifestações, ou seja, as erupções vulcânicas são expressões físico-químicas destas transições de fase e, do mesmo modo, um sismo também o é no sentido físico e mecânico.

14. SOBRE A ORIGEM DAS FALHAS DE TRANSFORMAÇÃO E OS SEUS PADRÕES DE DISTRIBUIÇÃO

Resumo

O objetivo deste trabalho é determinar as causas da origem e os contornos da formação das falhas transformantes globais, tendo em conta a teoria "Evolução geodinâmica da crosta terrestre". Verifica-se que as falhas de transformação profunda, em regra, se localizam sempre subperpendicularmente às falhas divergentes e convergentes.

As investigações sobre as falhas transformantes são objeto de numerosos trabalhos, tanto de carácter científico (10, 11, 13), como de carácter prático. São muitos os problemas fundamentais discutidos sobre as falhas transformantes, abrangendo várias regiões do mundo, tanto no mar como em terra. A nossa tarefa não é analisar os resultados de trabalhos científicos sobre os vários problemas das falhas transformantes, que são amplamente discutidos na literatura geológica.

O nosso objetivo é analisar as principais caraterísticas das falhas transformantes sob o ponto de vista genético, com base na teoria da "Evolução Geodinâmica da Crosta Terrestre". Isto refere-se principalmente às suas origens, padrões de distribuição e o papel das falhas transformantes na ocorrência e formação de minerais económicos.

Inicialmente, notamos que as falhas de transformação são um dos principais componentes das redes globais de fracturação na crosta. Isso também indica que as falhas transformantes são um dos principais elementos que estão envolvidos na evolução da crosta. A origem das falhas de transformação está associada à deslocação global das massas litosféricas. Na teoria proposta, toda a Terra sólida sofre deslocações durante as deslocações globais.

Nesta altura, as massas litosféricas têm diferentes capacidades de movimento e diferentes velocidades de movimento. Por conseguinte, estão a deformar-se sob a influência de forças geodinâmicas, que determinam a deformação da crosta como um todo a diferentes escalas e caraterísticas variadas dos blocos geológicos.

Diversas e distintas falhas profundas em génese participaram ativamente na formação destes blocos geológicos, que desempenham diferentes papéis na evolução crustal. Estas falhas profundas estão distribuídas principalmente em direcções submeridionais ou sublatitudinais. Normalmente, são sempre paralelas ou subperpendiculares umas às outras (Fig.). O mais importante é declarar que elas se diferenciam em blocos geológicos. A maior parte destas falhas enterradas em profundidade são derivadas do manto.

Estas falhas profundas são classificadas principalmente em três tipos genéticos: divergentes, convergentes e transformadas. Os dois primeiros têm uma direção submeridional durante a formação, e o último tem uma direção sub-latitudinal, o que é bastante lógico e consistente com uma teoria bem desenvolvida, juntamente com leis sobre o desenvolvimento de forças geodinâmicas.

As caraterísticas das falhas profundas do tipo divergente e convergente residem no facto de se terem formado nas zonas de compressão (subducção) ou tensão (espalhamento

ou rift). No entanto, as falhas de transformação formaram-se em zonas de cisalhamento. A sua origem, associada a diferentes deslocações, é sobretudo planetária. Além disso, formam-se entre massas litosféricas em movimento ao longo da crosta terrestre (2).

As falhas de transformação profundas, em regra, podem ser traçadas entre grandes cadeias da crosta terrestre, que estão sob a influência de forças geodinâmicas globais, movendo-se de oeste para leste ou dos pólos para o equador (Fig.). Além disso, as massas litosféricas em movimento podem estar localmente noutras direcções.

Além disso, podem formar-se falhas de transformação entre grandes blocos geológicos de tipo continental, que também se formaram nas zonas de deslocação. Estas falhas de transformação têm frequentemente um curso de desenvolvimento autónomo, típico de plataformas estáveis.

A formação de falhas de transformação profundas ocorre durante o movimento das massas litosféricas. Nesta altura, é gerado um complexo quadro de tensões na superfície da Terra, que eliminou a formação de falhas profundas, incluindo falhas de transformação e tipos de deslocamentos, dividindo vários blocos geológicos na crosta.

Uma caraterística das falhas transformantes globais é o facto de estarem dispostas paralelamente umas às outras em todo o lado, independentemente da sua classificação e posição. Isto mostra que a origem da maior parte das falhas de transformação está associada a deslocamentos sublatitudinais que ocorrem entre várias cadeias de massas litosféricas. Isto revela que a velocidade das massas em movimento depende não só da sua capacidade, mas também da sua localização em relação aos pólos e ao equador.

As falhas de transformação no aspeto genético, de acordo com os conceitos propostos, dividem-se em dois tipos genéticos: carácter global-regional e carácter local.

As falhas transformantes de tipo global-regional, como já foi referido, estão sempre dispostas paralelamente umas às outras, e as falhas transformantes de tipo local desenvolvem-se autonomamente entre blocos geológicos, independentemente das falhas transformantes globais. Podem ser formadas numa variedade de condições geotectónicas.

É de notar que as falhas de transformação, independentemente da sua classificação, são arbitrariamente divididas em escala global e regional, mas não é provável que a sua origem seja diferente. Isto deve-se ao facto de a sua formação ser controlada por processos globais comuns, com exceção das falhas de transformação, que estão geneticamente relacionadas com processos de colisão, apresentando um desenvolvimento de carácter local como a formação.

Relativamente à classificação das falhas transformantes por ordem, só podem ser separadas em termos de magnitude, sendo que a primeira ordem é a das falhas transformantes globais. As suas dimensões são medidas em milhares de quilómetros, localizam-se em posição profunda nos oceanos Pacífico, Atlântico e Índico, como já foi referido, e por vezes a sua dimensão vai de um lado ao outro do continente (Fig.).

Existem falhas de transformação relativamente pequenas, de nível regional, muitas vezes com uma extensão de meio milhar de quilómetros ou mais, localizadas entre estas falhas profundas globais, proporcionando condições gerais de formação com falhas globais.

Neste contexto, a formação de transformações locais de tipo profundo é a mais comum observada em todos os blocos geológicos de tipo genético. A sua formação está intimamente ligada ao mecanismo de movimento específico de certos tipos de blocos geológicos.

As falhas de transformação estão regularmente distribuídas por todo o mundo, tendo em conta as regras gerais sobre a evolução da crosta terrestre. Este facto está relacionado com os padrões de distribuição das forças geodinâmicas. Neste sentido, a distribuição das falhas de transformação também é observada dentro de uma determinada regularidade.

As leis básicas são que estão em relação aos pólos e ao equador, localizados numa determinada ordem. As maiores falhas de transformação estão localizadas perto das faixas de latitude, que estão localizadas perto do equador. Além disso, à medida que a distância do equador aumenta, o seu tamanho diminui gradualmente, o que está de acordo com as forças geodinâmicas, associadas à rotação da Terra.

Nos pólos não existem grandes falhas profundas de tipo genético, incluindo falhas de transformação profundas. Ora, as falhas profundas observadas, localizadas nos pólos da Terra, formaram-se nas outras fases de desenvolvimento da crosta. Estes factos indicam que a formação de falhas profundas está intimamente relacionada com as forças geodinâmicas.

De acordo com a teoria "Evolução geodinâmica da crosta terrestre", todas as falhas profundas globais, também transformadas, são canais de magma subjacentes/subjacentes, que participam ativamente na formação de minérios económicos.

Muitas vezes, ao longo das falhas de transformação encontram-se manifestações de erupções vulcânicas, o que indica que estão associadas à astenosfera.

Tudo isto confirma claramente que a origem das falhas de transformação está geneticamente relacionada com as forças geodinâmicas da Terra. E os seus padrões de desenvolvimento e propagação ocorrem em conjunto com outros processos globais, como os processos de deslocação, a formação de uma rede global de falhas profundas, etc. Todos estes processos globais estão inter-relacionados e bem ligados aos princípios enunciados pela teoria "Evolução geodinâmica da crosta terrestre".

15.   FORÇAS GEODINÂMICAS NA TERRA E SEU PAPEL NO FORMATO DOS CAMPOS MINERALIZONAIS

Resumo

Neste artigo, analisamos o papel das forças geodinâmicas na formação de recursos minerais. É de notar que o papel das forças geodinâmicas é importante para a ocorrência e formação de estruturas vulcanoplutónicas, bem como para os processos metamórficos. Além disso, está associado às condições de origem e formação de muitos tipos de minerais na génese, devido ao facto comprovado de que as forças geodinâmicas participam na ocorrência e formação destes processos.

Desvendar a origem, as condições de formação e os padrões de distribuição e ocorrência dos minerais é o principal tema das geociências, incluindo a geotectónica. Por isso, esta questão requer cuidados especiais na sua gestão.

Não nos cabe a tarefa de analisar todos os problemas associados aos recursos minerais. O nosso principal objetivo é caraterizar os processos fundamentais relacionados com o problema da origem, mecanismo de formação e padrão de distribuição dos principais tipos de minerais na perspetiva da teoria "Evolução geodinâmica da crosta terrestre". Identificar as principais caraterísticas de desenvolvimento associadas à origem, formação, bem como as leis que regem a distribuição dos principais tipos de recursos minerais na génese é essencial para a criação de um quadro teórico, envolvendo pré-requisitos para a sua deteção e exploração como os mais rentáveis na base económica.

As prioridades que se impõem nos estudos geológicos têm sido, e continuam a ser, a criação de um quadro teórico para a investigação geológica em geral, e assim para a deteção e exploração de depósitos minerais. Sem a construção de uma base teórica para a descoberta e exploração dos recursos minerais, é necessário despender fundos avultados, que têm causado enormes prejuízos a qualquer economia nacional.

No aspeto histórico, portanto, a realização de estudos neste sentido orientados em vários ramos das geociências. As tentativas de resolução destes problemas deram lugar à atribuição de uma quantidade colossal de trabalhos científicos importantes para o desenvolvimento das geociências, tanto em termos científicos como práticos.

Apesar disso, há ainda muitas questões por resolver que exigem uma resposta positiva, por exemplo, as forças motrizes dos processos geotectónicos. Além disso, algumas delas envolvem razões para o movimento dos continentes, a origem dos vulcões, os terramotos, a origem da astenosfera, plumas, diapiros, tsunamis, etc., fenómenos anómalos, a origem das falhas profundas, a origem dos continentes e oceanos, a origem, formação e regularidades de distribuição dos recursos minerais e muitas outras questões. Todas estas questões podem obter uma resposta positiva na perspetiva da teoria "Evolução geodinâmica da crosta terrestre", que é atualmente objeto de um debate permanente.

A nossa tarefa sobre a origem do vkhoditvyyasnit, de acordo com a teoria "Evolução geodinâmica da crosta terrestre", revela as condições de formação, padrões de distribuição e implantação dos principais tipos de depósitos minerais na génese, bem como o papel dos processos geotectónicos globais na ocorrência e formação de campos de mineralização.

Esta teoria, que teve origem nos processos geotectónicos, está envolvida na origem e formação dos principais tipos de minerais associados às forças geodinâmicas da Terra. Isto significa que os principais tipos de depósitos minerais se formaram sob o efeito destas forças na crosta terrestre. Estas forças também determinam os padrões da sua distribuição e posição na crosta terrestre.

Isto indica claramente que todos os tipos de condições geotectónicas, com as quais se relacionam a origem e a formação de diferentes tipos genéticos de minerais, predeterminam padrões de distribuição de forças geodinâmicas.

Com base neste princípio, esta teoria pode determinar padrões de distribuição de tipos genéticos básicos de recursos minerais. Uma vez que a origem e o mecanismo de formação de cada mineral no tipo genético é caracterizado, os recursos minerais estão normalmente sujeitos a movimentos tectónicos nos quais se podem formar e também ligados a forças geodinâmicas.

Isto significa que a origem dos diferentes recursos minerais, juntamente com a sua formação, está intimamente relacionada com os movimentos tectónicos, onde podem ser formados e agitados. Isto indica claramente que a origem dos recursos minerais é a primeira coisa a observar nas suas condições geotectónicas de ocorrência. As condições geotectónicas são de importância primordial na origem e formação dos minerais e as restantes são subordinadas.

Portanto, cada tipo de recurso mineral é caracterizado por um movimento tectónico inerente. Do ponto de vista da teoria "Evolução geodinâmica da crosta terrestre", a criação das condições necessárias para a origem, formação e deposição de determinados tipos de minerais ocorre com a participação de vários factores.

Entre estes factores, são importantes a composição do material, a temperatura e a pressão, todos eles de carácter variável. Têm um carácter típico de desenvolvimento, além dos seus padrões de distribuição de forças geodinâmicas na crosta terrestre, que estão de facto associados a muitos processos geotectónicos que requerem estudos especiais.

Todos estes processos geotectónicos estão direta ou indiretamente relacionados com as forças geodinâmicas. Uma variedade de processos complexos, incluindo os geotectónicos, tem lugar sob a influência destas forças na crosta. Além disso, estes sugerem a existência de diversas condições geotectónicas, que estão associadas à origem e formação de vários minerais do tipo génese. Por conseguinte, a ocorrência e a variedade genética são predeterminadas por estas condições geotectónicas.

A formação de condições geotectónicas é um processo muito complicado. Está associado a processos globais distintos. Estes processos globais são principalmente os seguintes: o encurvamento e a deslocação das massas litosféricas; a ocorrência de falhas profundas globais, incluindo redes de fracturação globais e associadas a processos de subducção, espalhamento e rifting, processos metamórficos globais, processos vulcanoplutónicos, processos de ocorrência de zonas de tensão; processos de colisão e também a formação de diferentes tipos genéticos, sistemas de dobragem de montanhas e muitos outros.

Todos os tipos de condições geotectónicas que contribuem para a origem e formação de vários minerais na génese estão intimamente relacionados com os processos globais acima enumerados. Cada um destes processos globais tem uma certa importância para a origem, o isolamento e a deposição de tipos individuais de associações minerais que podem participar na ocorrência e formação de tipos minerais específicos.

Os recursos minerais em todos os tipos genéticos, cada um dos quais está associado aos processos acima mencionados, têm uma história de origem e formação, necessária para descobrir com esta posição. Naturalmente, os principais parâmetros de mineralização, que são partes integrantes de qualquer tipo de mineral na génese, são a temperatura e a pressão, bem como as suas composições reais de formação de minerais. A composição do material, a temperatura e a pressão são factores primários na ocorrência e formação de qualquer mineral, e o resto pode afetar de forma subordinada.

A complexidade dos processos de deslocação está intimamente relacionada com as forças geodinâmicas, tendo em conta todas as caraterísticas de complexidade e padrões de distribuição implicados em vários tipos genéticos de recursos minerais.

O papel dos processos de deslocação na distribuição dos recursos minerais é muito grande. Isto é evidenciado pelos caracteres variados dos processos geotectónicos que estão ativamente envolvidos nos processos de deslocamento. Por exemplo, existem elementos descontínuos do tipo divergente e convergente, que são caracterizados por diferentes tipos de recursos minerais.

Uma vez que os processos de deslocação são responsáveis pela ocorrência e formação de sistemas genéticos de dobragem de montanhas distintos, como o sistema de montanhas do tipo subducção e o sistema de montanhas do tipo vulcânico, estes são caracterizados por recursos minerais muito diferentes na sua génese.

Para além disso, os processos de deslocação estão relacionados com a transformação de blocos geológicos individuais na crosta, associados ao seu revestimento, estão também relacionados com vários tipos de minerais. Estes exemplos podem ser citados muitas vezes.

Todas estas informações sugerem que a ocorrência e a formação de minerais apresentam condições geotectónicas favoráveis. No entanto, os parâmetros básicos das condições geotectónicas são a composição do material, a temperatura e a pressão. Se um destes três factores estiver ausente, o processo de mineralização pode não ser pronunciado. A alteração da natureza e da direção dos principais parâmetros, como a composição do material, a temperatura e a pressão, depende de muitos factores.

Estes factores podem incluir todos os processos naturais que ocorrem sob a influência de forças geodinâmicas. Entre estes processos encontram-se muitos processos de transformação, incluindo o metamorfismo e a diagénese, para além de processos que criam tensões na crosta, processos de difusão, processos vulcanoplutónicos, processos de assimilação e diferenciação e muitos outros.

Cada um destes processos naturais tem uma influência nos processos de formação de minerais ou cria uma alteração nos principais parâmetros dos processos de mineralização, como a composição do material, a temperatura e a pressão.

Existem muitos trabalhos geológicos sobre os processos de mineralização, incluindo fontes financeiras dedicadas e discussões científicas. Por conseguinte, não é necessário abrir um debate, uma vez que são amplamente discutidos na literatura científica. O nosso objetivo é e permanece limitado a uma análise na perspetiva da teoria "Evolução geodinâmica da crosta terrestre", para determinar a origem, a formação e os padrões gerais de distribuição dos minerais

Tudo o que foi dito acima tem como objetivo chegar a uma conclusão comum de que a origem de todos os processos naturais, incluindo a sua ocorrência e formação, bem como os padrões de distribuição de todos os tipos de minerais na génese, está intimamente relacionada com as forças geodinâmicas. Consequentemente, dizemos que, sob a influência das forças geodinâmicas, ocorrem todos os processos geotectónicos globais, associados à origem, formação e padrões de distribuição dos principais tipos de minerais na génese.

16. FORÇAS DE CORIOLIS NA TERRA E 1ª IMPORTÂNCIA NA EVOLUÇÃO DA CROSTA TERRESTRE

Resumo

Neste trabalho, afirma-se que as forças de Coriolis têm um papel importante na evolução da crosta terrestre, na perspetiva da evolução geodinâmica da crosta terrestre. É de notar que o aparecimento da teoria e dos seus princípios fundamentais, que tratam da geodinâmica da crosta, depende da compreensão das forças de Coriolis como ideia principal da teoria "Evolução geodinâmica da crosta terrestre". A origem da astenosfera, das falhas profundas, das deslocações e outras está intimamente ligada às forças de Coriolis.

O aparecimento da teoria e dos seus princípios fundamentais, relacionados com a geodinâmica da crosta, mostra que as forças de Coriolis constituem uma fonte crucial para a nossa teoria.

Foi necessário que esta teoria fosse desenvolvida através da análise de muitos factos credíveis e processos naturais, bem como de todas as leis e regras físico-mecânicas, de modo a saber se estão ou não relacionadas com o princípio da teoria desenvolvida, incluindo a força de Coriolis.

A propósito, aqui convém dizer o valor de cada construção teórica, incluindo a teoria e os conceitos, pelo que se estima que se possa relacioná-los com outras leis e regulamentos, ou contradizê-los.

No que diz respeito às relações teóricas entre os constructos geotectónicos, os seus preços são medidos por esta regra, o que é bastante aceitável.

Verifica-se que o exemplo da força de Coriolis entre a água (no sentido geológico como hidrosfera) e a superfície da litosfera (litosfera) é deslocado. Estes deslocamentos são na direção latitudinal e estão intimamente associados à rotação da Terra, que ocorre de oeste para leste. E é considerado como um facto fiável que a água, material menos denso do que a substância litosférica, lavou as margens dos rios, ou seja, a pequena quantidade restante da massa litosférica chamada efeito Coriolis.

Este processo ocorre certamente nas margens de qualquer bacia hidrográfica. Infelizmente, tais dados não estão disponíveis, sendo necessários estudos experimentais nas margens da bacia hidrográfica, resultando provavelmente como efeito de Coriolis nestas zonas, pelo que têm valor científico na construção de conceitos científicos.

Este facto mostra que se existe uma mudança de superfície entre a litosfera e a hidrosfera, então este facto reflecte-se inerentemente noutras geosferas da Terra. Utilizámos frequentemente a presença deste facto para estabelecer o efeito das forças de Coriolis durante a construção da teoria "Evolução geodinâmica da crosta terrestre".

Este facto indica que a origem da astenosfera está relacionada com a rotação da Terra. Quando a Terra gira em torno do seu eixo de oeste para leste, há uma mudança de massa entre o manto sólido-líquido e a litosfera. Nesta altura, ocorrem intensas transformações de fase físico-químicas da matéria em todas as zonas de junção da litosfera e do manto superior, o que também determina a origem da astenosfera.

Neste contexto, pode confirmar-se que a astenosfera não é uma geosfera independente da Terra, mas comporta-se apenas como uma zona de transições de fase físicas e químicas que alimenta os processos vulcanoplutónicos e vulcânicos. Com base em numerosos estudos geofísicos, ficou estabelecido que, mesmo no caso de uma crosta continental estável, a astenosfera estaria frequentemente ausente. Por conseguinte, a astenosfera é fraca ou inexistente nestas zonas, onde as substâncias são objeto de transformações de fase físico-químicas.

Se existem transições de fase físicas e químicas entre o manto e a litosfera, então é claro que tais processos ocorrem entre outras geosferas na Terra. No entanto, a intensidade destes processos diminui proporcionalmente com a redução dos raios da Terra e, naturalmente, com a diminuição do raio, a rotação das massas na Terra tem um efeito de velocidade decrescente.

De acordo com o pressuposto do nosso conceito, as transformações de fase físico-químicas têm lugar entre cada uma das geosferas da Terra, com exceção da litosfera e da geosfera. Incluem também aquelas entre o manto e o manto inferior, entre o manto inferior e o superior e, finalmente, entre o manto superior e a litosfera.

Os processos como as transformações de fase físico-químicas da matéria, que ocorreram entre as geosferas da Terra, nem sempre têm um carácter único. Ocorrem mais intensamente entre o manto superior e a litosfera. Não podem expandir as suas actividades para outras geosferas, onde estão sob grande pressão, porque é demasiado grande para criar esse potencial. Certamente, está ativamente envolvido na evolução dos processos internos da Terra.

A evolução da astenosfera, que tem origem nas transformações de fase físico-químicas da matéria ocorridas entre o manto superior e a litosfera, tem desempenhado um papel importante na formação e desenvolvimento dos processos geotectónicos.

Isto deve-se ao facto de a astenosfera cobrir toda a zona sob a litosfera e ter uma relação direta com a litosfera. Por isso, as falhas profundas formam-se quando os processos de deslocação penetram no manto superior, onde há uma atividade crescente de processos físicos e químicos dezenas e milhares de vezes. Além disso, estes processos são acompanhados por um aumento do volume dos produtos.

O volume de produtos materiais sujeitos a transformações de fase físicas e químicas aumenta com o tempo. Isto ajuda a superar as cargas litosféricas.

Por conseguinte, as falhas profundas que contêm matéria subcrustal tendem a penetrar na zona da litosfera, sob a forma de produtos magmáticos que contribuem para o desenvolvimento dos processos vulcanoplutónicos e dos processos de assimilação e diferenciação associados.

Algumas partes destes produtos chegam à superfície da Terra sob a forma de erupções vulcânicas e as restantes distribuem-se pelas zonas interiores da litosfera, sob a forma de formações intrusivas e subvulcânicas.

Na teoria proposta "Evolução geodinâmica da crosta terrestre", os processos físicos e químicos, que não têm contacto direto com a litosfera terrestre e não podem penetrar diretamente na zona da litosfera, mas apenas participar na evolução da astenosfera, têm lugar entre geosferas. Apresentam-se sob a forma de plumas e suturas, que se elevam de partes distintas da Terra e que, por sua vez, suportam um aumento da atividade dos processos vulcanoplutónicos.

Tendo em conta que as forças de Coriolis estão envolvidas na formação da astenosfera, bem como noutros fenómenos anómalos, é fácil assumir que desempenham um papel considerável na formação de muitos processos naturais, como os processos tectonomagmáticos, vulcanoplutónicos, de falhas e outros.

17. SOBRE A ORIGEM DAS FALHAS DE TRANSFORMAÇÃO E OS SEUS PADRÕES DE DISTRIBUIÇÃO

Resumo

O objetivo deste trabalho é determinar as causas da origem e os contornos da formação das falhas transformantes globais, de acordo com a teoria "Evolução geodinâmica da crosta terrestre". Verifica-se que as falhas de transformação profunda, em regra, se localizam sempre subperpendicularmente às falhas divergentes e convergentes.

As investigações sobre as falhas transformantes são objeto de numerosos trabalhos, tanto de carácter científico (10, 11, 13), como de carácter prático. São muitos os problemas fundamentais discutidos sobre as falhas transformantes, abrangendo várias regiões do mundo, tanto no mar como em terra. A nossa tarefa não é analisar os resultados de trabalhos científicos sobre os vários problemas das falhas transformantes, que são amplamente discutidos na literatura geológica.

O nosso objetivo é analisar as principais caraterísticas das falhas transformantes sob o ponto de vista genético, com base na teoria da "Evolução Geodinâmica da Crosta Terrestre". Isto refere-se principalmente às suas origens, padrões de distribuição e o papel das falhas transformantes na ocorrência e formação de minerais económicos.

Inicialmente, notamos que as falhas de transformação são um dos principais componentes das redes globais de fracturação na crosta. Isso também indica que as falhas transformantes são um dos principais elementos que estão envolvidos na evolução da crosta. A origem das falhas de transformação está associada à deslocação global das massas litosféricas. Na teoria proposta, toda a Terra sólida sofre deslocações durante as deslocações globais.

Nesta altura, as massas litosféricas têm diferentes capacidades de movimento e diferentes velocidades de movimento. Por conseguinte, estão a deformar-se sob a influência de forças geodinâmicas, que determinam a deformação da crosta como um todo a diferentes escalas e caraterísticas variadas dos blocos geológicos.

Diversas e distintas falhas profundas em génese participaram ativamente na formação destes blocos geológicos, que desempenham diferentes papéis na evolução crustal. Estas falhas profundas estão distribuídas principalmente em direcções submeridionais ou sublatitudinais. Normalmente, são sempre paralelas ou subperpendiculares umas às outras (Fig.). O mais importante é declarar que elas se diferenciam em blocos geológicos. A maior parte destas falhas enterradas em profundidade são derivadas do manto.

Estas falhas profundas são classificadas principalmente em três tipos genéticos: divergentes, convergentes e transformadas. Os dois primeiros têm uma direção submeridional durante a formação, e o último tem uma direção sub-latitudinal, o que é bastante lógico e consistente com uma teoria bem desenvolvida, juntamente com leis sobre o desenvolvimento de forças geodinâmicas.

As caraterísticas das falhas profundas do tipo divergente e convergente residem no facto de se terem formado nas zonas de compressão (subducção) ou tensão (espalhamento ou rift). No entanto, as falhas de transformação formaram-se em zonas de cisalhamento. A sua origem, associada a diferentes deslocações, é sobretudo planetária. Além disso, formam-se entre massas litosféricas em movimento ao longo da crosta terrestre (2).

As falhas de transformação profundas, em regra, podem ser traçadas entre grandes cadeias na crosta terrestre, que estão sob a influência de forças geodinâmicas globais, movendo-se de oeste para leste ou dos pólos para o equador (Fig.). Além disso, as massas litosféricas em movimento podem estar localmente noutras direcções.

Além disso, podem formar-se falhas de transformação entre grandes blocos geológicos de tipo continental, que também se formaram nas zonas de deslocação. Estas falhas de transformação têm frequentemente um curso de desenvolvimento autónomo, típico de plataformas estáveis.

A formação de falhas de transformação profundas ocorre durante o movimento das massas litosféricas. Nesta altura, é gerado um complexo quadro de tensões na superfície da Terra, que eliminou a formação de falhas profundas, incluindo falhas de transformação e tipos de deslocamentos, dividindo vários blocos geológicos na crosta.

Uma caraterística das falhas transformantes globais é o facto de estarem dispostas paralelamente umas às outras em todo o lado, independentemente da sua classificação e posição. Isto mostra que a origem da maior parte das falhas de transformação está associada a deslocamentos sublatitudinais que ocorrem entre várias cadeias de massas litosféricas. Isto revela que a velocidade das massas em movimento depende não só da sua capacidade, mas também da sua localização em relação aos pólos e ao equador.

As falhas de transformação no aspeto genético, de acordo com os conceitos propostos, dividem-se em dois tipos genéticos: carácter global-regional e carácter local.

As falhas transformantes de tipo global-regional, como já foi referido, estão sempre dispostas paralelamente umas às outras, e as falhas transformantes de tipo local desenvolvem-se autonomamente entre blocos geológicos, independentemente das falhas transformantes globais. Podem ser formadas numa variedade de condições geotectónicas.

É de notar que as falhas de transformação, independentemente da sua classificação, são arbitrariamente divididas em escala global e regional, mas não é provável que a sua origem seja diferente. Isto deve-se ao facto de a sua formação ser controlada por processos globais comuns, com exceção das falhas de transformação, que estão geneticamente relacionadas com processos de colisão, apresentando um desenvolvimento de carácter local como a formação.

Relativamente à classificação das falhas transformantes por ordem, só podem ser separadas em termos de magnitude, sendo que a primeira ordem é a das falhas transformantes globais. As suas dimensões são medidas em milhares de quilómetros, localizam-se em posição profunda nos oceanos Pacífico, Atlântico e Índico, como já foi referido, e por vezes a sua dimensão vai de um lado ao outro do continente (Fig.).

Existem falhas de transformação relativamente pequenas, de nível regional, muitas vezes com uma extensão de meio milhar de quilómetros ou mais, localizadas entre estas falhas profundas globais, proporcionando condições gerais de formação com falhas globais.

Neste contexto, a formação de transformações locais de tipo profundo é a mais comum observada em todos os blocos geológicos de tipo genético. A sua formação está intimamente ligada ao mecanismo de movimento específico de certos tipos de blocos geológicos.

As falhas de transformação estão regularmente distribuídas por todo o mundo, tendo em conta as regras gerais sobre a evolução da crosta terrestre. Este facto está relacionado com os padrões de distribuição das forças geodinâmicas. Neste sentido, a distribuição das falhas de transformação também é observada dentro de uma determinada regularidade.

As leis básicas são que estão em relação aos pólos e ao equador, localizados numa determinada ordem. As maiores falhas de transformação estão localizadas perto das faixas de latitude, que estão localizadas perto do equador. Além disso, à medida que a distância do equador aumenta, o seu tamanho diminui gradualmente, o que está de acordo com as forças geodinâmicas, associadas à rotação da Terra.

Nos pólos não existem grandes falhas profundas de tipo genético, incluindo falhas de transformação profundas. Ora, as falhas profundas observadas, localizadas nos pólos da Terra, formaram-se nas outras fases de desenvolvimento da crosta. Estes factos indicam que a formação de falhas profundas está intimamente relacionada com as forças geodinâmicas.

De acordo com a teoria "Evolução geodinâmica da crosta terrestre", todas as falhas profundas globais, também transformadas, são canais de magma subjacentes/subjacentes, que participam ativamente na formação de minérios económicos.

Muitas vezes, ao longo das falhas de transformação encontram-se manifestações de erupções vulcânicas, o que indica que estão associadas à astenosfera.

Tudo isto confirma claramente que a origem das falhas de transformação está geneticamente relacionada com as forças geodinâmicas da Terra. E os seus padrões de desenvolvimento e propagação ocorrem em conjunto com outros processos globais, como os processos de deslocação, a formação de uma rede global de falhas profundas, etc. Todos estes processos globais estão inter-relacionados e bem ligados aos princípios enunciados pela teoria "Evolução geodinâmica da crosta terrestre"

18 . SOBRE A ORUGEM DAS FALHAS DE TRANSFORMAÇÃO E OS SEUS PADRÕES DE DISTRIBUIÇÃO

Resumo

O objetivo deste trabalho é determinar as causas da origem e os contornos da formação das falhas transformantes globais, tendo em conta a teoria "Evolução geodinâmica da crosta terrestre". Verifica-se que as falhas de transformação profunda, em regra, se localizam sempre subperpendicularmente às falhas divergentes e convergentes.

As investigações sobre as falhas transformantes são objeto de numerosos trabalhos, tanto de carácter científico (10, 11, 13), como de carácter prático. São muitos os problemas fundamentais discutidos sobre as falhas transformantes, abrangendo várias regiões do mundo, tanto no mar como em terra. A nossa tarefa não é analisar os resultados de trabalhos científicos sobre os vários problemas das falhas transformantes, que são amplamente discutidos na literatura geológica.

O nosso objetivo é analisar as principais caraterísticas das falhas transformantes sob o ponto de vista genético, com base na teoria da "Evolução Geodinâmica da Crosta Terrestre". Isto refere-se principalmente às suas origens, padrões de distribuição e o papel das falhas transformantes na ocorrência e formação de minerais económicos.

Inicialmente, notamos que as falhas de transformação são um dos principais componentes das redes globais de fracturação na crosta. Isso também indica que as falhas transformantes são um dos principais elementos que estão envolvidos na evolução da crosta. A origem das falhas de transformação está associada à deslocação global das massas litosféricas. Na teoria proposta, toda a Terra sólida sofre deslocações durante as deslocações globais.

Nesta altura, as massas litosféricas têm diferentes capacidades de movimento e diferentes velocidades de movimento. Por conseguinte, estão a deformar-se sob a influência de forças geodinâmicas, que determinam a deformação da crosta como um todo a diferentes escalas e caraterísticas variadas dos blocos geológicos.

Diversas e distintas falhas profundas em génese participaram ativamente na formação destes blocos geológicos, que desempenham diferentes papéis na evolução crustal. Estas falhas profundas estão distribuídas principalmente em direcções submeridionais ou sublatitudinais. Normalmente, são sempre paralelas ou subperpendiculares umas às outras (Fig.). O mais importante é declarar que elas se diferenciam em blocos geológicos. A maior parte destas falhas enterradas em profundidade são derivadas do manto.

Estas falhas profundas são classificadas principalmente em três tipos genéticos: divergentes, convergentes e transformadas. Os dois primeiros têm uma direção submeridional durante a formação, e o último tem uma direção sub-latitudinal, o que é bastante lógico e consistente com uma teoria bem desenvolvida, juntamente com leis sobre o desenvolvimento de forças geodinâmicas.

As caraterísticas das falhas profundas do tipo divergente e convergente residem no facto de se terem formado nas zonas de compressão (subducção) ou tensão (espalhamento

ou rift). No entanto, as falhas de transformação formaram-se em zonas de cisalhamento. A sua origem, associada a diferentes deslocações, é sobretudo planetária. Além disso, formam-se entre massas litosféricas em movimento ao longo da crosta terrestre (2).

As falhas de transformação profundas, em regra, podem ser traçadas entre grandes cadeias na crosta terrestre, que estão sob a influência de forças geodinâmicas globais, movendo-se de oeste para leste ou dos pólos para o equador (Fig.). Além disso, as massas litosféricas em movimento podem estar localmente noutras direcções.

Além disso, podem formar-se falhas de transformação entre grandes blocos geológicos de tipo continental, que também se formaram nas zonas de deslocação. Estas falhas de transformação têm frequentemente um curso de desenvolvimento autónomo, típico de plataformas estáveis.

A formação de falhas de transformação profundas ocorre durante o movimento das massas litosféricas. Nesta altura, é gerado um complexo quadro de tensões na superfície da Terra, que eliminou a formação de falhas profundas, incluindo falhas de transformação e tipos de deslocamentos, dividindo vários blocos geológicos na crosta.

Uma caraterística das falhas transformantes globais é o facto de estarem dispostas paralelamente umas às outras em todo o lado, independentemente da sua classificação e posição. Isto mostra que a origem da maior parte das falhas de transformação está associada a deslocamentos sublatitudinais que ocorrem entre várias cadeias de massas litosféricas. Isto revela que a velocidade das massas em movimento depende não só da sua capacidade, mas também da sua localização em relação aos pólos e ao equador.

As falhas de transformação no aspeto genético, de acordo com os conceitos propostos, dividem-se em dois tipos genéticos: carácter global-regional e carácter local.

As falhas transformantes de tipo global-regional, como já foi referido, estão sempre dispostas paralelamente umas às outras, e as falhas transformantes de tipo local desenvolvem-se autonomamente entre blocos geológicos, independentemente das falhas transformantes globais. Podem ser formadas numa variedade de condições geotectónicas.

É de notar que as falhas de transformação, independentemente da sua classificação, são arbitrariamente divididas em escala global e regional, mas não é provável que a sua origem seja diferente. Isto deve-se ao facto de a sua formação ser controlada por processos globais comuns, com exceção das falhas de transformação, que estão geneticamente relacionadas com processos de colisão, apresentando um desenvolvimento de carácter local como a formação.

Relativamente à classificação das falhas transformantes por ordem, só podem ser separadas em termos de magnitude, sendo que a primeira ordem é a das falhas transformantes globais. As suas dimensões são medidas em milhares de quilómetros, localizam-se em posição profunda nos oceanos Pacífico, Atlântico e Índico, como já foi referido, e por vezes a sua dimensão vai de um lado ao outro do continente (Fig.).

Existem falhas de transformação relativamente pequenas, de nível regional, muitas vezes com uma extensão de meio milhar de quilómetros ou mais, localizadas entre estas falhas profundas globais, proporcionando condições gerais de formação com falhas globais.

Neste contexto, a formação de transformações locais de tipo profundo é a mais comum observada em todos os blocos geológicos de tipo genético. A sua formação está intimamente ligada ao mecanismo de movimento específico de certos tipos de blocos geológicos.

As falhas de transformação estão regularmente distribuídas por todo o mundo, tendo em conta as regras gerais sobre a evolução da crosta terrestre. Este facto está relacionado com os padrões de distribuição das forças geodinâmicas. Neste sentido, a distribuição das falhas de transformação também é observada dentro de uma determinada regularidade.

As leis básicas são que estão em relação aos pólos e ao equador, localizados numa determinada ordem. As maiores falhas de transformação estão localizadas perto das faixas de latitude, que estão localizadas perto do equador. Além disso, à medida que a distância do equador aumenta, o seu tamanho diminui gradualmente, o que está de acordo com as forças geodinâmicas, associadas à rotação da Terra.

Nos pólos não existem grandes falhas profundas de tipo genético, incluindo falhas de transformação profundas. Ora, as falhas profundas observadas, localizadas nos pólos da Terra, formaram-se nas outras fases de desenvolvimento da crosta. Estes factos indicam que a formação de falhas profundas está intimamente relacionada com as forças geodinâmicas.

De acordo com a teoria "Evolução geodinâmica da crosta terrestre", todas as falhas profundas globais, também transformadas, são canais de magma subjacentes/subjacentes, que participam ativamente na formação de minérios económicos.

Muitas vezes, ao longo das falhas de transformação encontram-se manifestações de erupções vulcânicas, o que indica que estão associadas à astenosfera.

Tudo isto confirma claramente que a origem das falhas de transformação está geneticamente relacionada com as forças geodinâmicas da Terra. E os seus padrões de desenvolvimento e propagação ocorrem em conjunto com outros processos globais, como os processos de deslocação, a formação de uma rede global de falhas profundas, etc. Todos estes processos globais estão inter-relacionados e bem ligados aos princípios enunciados pela teoria "Evolução geodinâmica da crosta terrestre".

19. FORÇAS EODINÂMICAS NA TERRA E O SEU PAPEL NA FORMAÇÃO DE CAMPOS DE MENERALIZAÇÃO

Resumo

Neste artigo, analisamos o papel das forças geodinâmicas na formação de recursos minerais. É de notar que o papel das forças geodinâmicas é importante para a ocorrência e formação de estruturas vulcanoplutónicas, bem como para os processos metamórficos. Além disso, está associado às condições de origem e formação de muitos tipos de minerais na génese, devido ao facto comprovado de que as forças geodinâmicas participam na ocorrência e formação destes processos.

Desvendar a origem, as condições de formação e os padrões de distribuição e ocorrência dos minerais é o principal tema das geociências, incluindo a geotectónica. Por isso, esta questão requer cuidados especiais na sua gestão.

Não nos cabe a tarefa de analisar todos os problemas associados aos recursos minerais. O nosso principal objetivo é caraterizar os processos fundamentais relacionados com o problema da origem, mecanismo de formação e padrão de distribuição dos principais tipos de minerais na perspetiva da teoria "Evolução geodinâmica da crosta terrestre". Identificar as principais caraterísticas de desenvolvimento associadas à origem, formação, bem como as leis que regem a distribuição dos principais tipos de recursos minerais na génese é essencial para a criação de um quadro teórico, envolvendo pré-requisitos para a sua deteção e exploração como os mais rentáveis na base económica.

As prioridades que se impõem nos estudos geológicos têm sido, e continuam a ser, a criação de um quadro teórico para a investigação geológica em geral, e assim para a deteção e exploração de depósitos minerais. Sem a construção de uma base teórica para a descoberta e exploração dos recursos minerais, é necessário despender fundos avultados, que têm causado enormes prejuízos a qualquer economia nacional.

No aspeto histórico, portanto, a realização de estudos neste sentido orientados em vários ramos das geociências. As tentativas de resolução destes problemas deram lugar à atribuição de uma quantidade colossal de trabalhos científicos importantes para o desenvolvimento das geociências, tanto em termos científicos como práticos.

Apesar disso, há ainda muitas questões por resolver que exigem uma resposta positiva, por exemplo, as forças motrizes dos processos geotectónicos. Além disso, algumas delas envolvem razões para o movimento dos continentes, a origem dos vulcões, os terramotos, a origem da astenosfera, plumas, diapiros, tsunamis, etc., fenómenos anómalos, a origem das falhas profundas, a origem dos continentes e oceanos, a origem, formação e regularidades de distribuição dos recursos minerais e muitas outras questões. Todas estas questões podem obter uma resposta positiva na perspetiva da teoria "Evolução geodinâmica da crosta terrestre", que é atualmente objeto de um debate permanente.

A nossa tarefa sobre a origem do vkhoditvyyasnit, de acordo com a teoria "Evolução geodinâmica da crosta terrestre", revela as condições de formação, padrões de distribuição e implantação dos principais tipos de depósitos minerais na génese, bem como o papel dos processos geotectónicos globais na ocorrência e formação de campos de mineralização.

Esta teoria, que teve origem nos processos geotectónicos, está envolvida na origem e formação dos principais tipos de minerais associados às forças geodinâmicas da Terra. Isto significa que os principais tipos de depósitos minerais se formaram sob o efeito destas forças na crosta terrestre. Estas forças também determinam os padrões da sua distribuição e posição na crosta terrestre.

Isto indica claramente que todos os tipos de condições geotectónicas, com as quais se relacionam a origem e a formação de diferentes tipos genéticos de minerais, predeterminam padrões de distribuição de forças geodinâmicas.

Com base neste princípio, esta teoria pode determinar padrões de distribuição de tipos genéticos básicos de recursos minerais. Uma vez que a origem e o mecanismo de formação de cada mineral no tipo genético é caracterizado, os recursos minerais estão normalmente sujeitos a movimentos tectónicos nos quais se podem formar e também ligados a forças geodinâmicas.

Isto significa que a origem dos diferentes recursos minerais, juntamente com a sua formação, está intimamente relacionada com os movimentos tectónicos, onde podem ser formados e agitados. Isto indica claramente que a origem dos recursos minerais é a primeira coisa a observar nas suas condições geotectónicas de ocorrência. As condições geotectónicas são de importância primordial na origem e formação dos minerais e as restantes são subordinadas.

Portanto, cada tipo de recurso mineral é caracterizado por um movimento tectónico inerente. Do ponto de vista da teoria "Evolução geodinâmica da crosta terrestre", a criação das condições necessárias para a origem, formação e deposição de determinados tipos de minerais ocorre com a participação de vários factores.

Entre estes factores, são importantes a composição do material, a temperatura e a pressão, todos eles de carácter variável. Têm um carácter típico de desenvolvimento, além dos seus padrões de distribuição de forças geodinâmicas na crosta terrestre, que estão de facto associados a muitos processos geotectónicos que requerem estudos especiais.

Todos estes processos geotectónicos estão direta ou indiretamente relacionados com as forças geodinâmicas. Uma variedade de processos complexos, incluindo os geotectónicos, tem lugar sob a influência destas forças na crosta. Além disso, estes sugerem a existência de diversas condições geotectónicas, que estão associadas à origem e formação de vários minerais do tipo génese. Por conseguinte, a ocorrência e a variedade genética são predeterminadas por estas condições geotectónicas.

A formação de condições geotectónicas é um processo muito complicado. Está associado a processos globais distintos. Estes processos globais são principalmente os seguintes: o encurvamento e a deslocação das massas litosféricas; a ocorrência de falhas profundas globais, incluindo redes de fracturação globais e associadas a processos de subducção, espalhamento e rifting, processos metamórficos globais, processos vulcanoplutónicos, processos de ocorrência de zonas de tensão; processos de colisão e também a formação de diferentes tipos genéticos, sistemas de dobragem de montanhas e muitos outros.

Todos os tipos de condições geotectónicas que contribuem para a origem e formação de vários minerais na génese estão intimamente relacionados com os processos globais acima enumerados. Cada um destes processos globais tem uma certa importância para a origem, o isolamento e a deposição de tipos individuais de associações minerais que podem participar na ocorrência e formação de tipos minerais específicos.

Os recursos minerais em todos os tipos genéticos, cada um dos quais está associado aos processos acima mencionados, têm uma história de origem e formação, necessária para descobrir com esta posição. Naturalmente, os principais parâmetros de mineralização, que são partes integrantes de qualquer tipo de mineral na génese, são a temperatura e a pressão, bem como as suas composições reais de formação de minerais. A composição do material, a temperatura e a pressão são factores primários na ocorrência e formação de qualquer mineral, e o resto pode afetar de forma subordinada.

A complexidade dos processos de deslocação está intimamente relacionada com as forças geodinâmicas, tendo em conta todas as caraterísticas de complexidade e padrões de distribuição implicados em vários tipos genéticos de recursos minerais.

O papel dos processos de deslocação na distribuição dos recursos minerais é muito grande. Isto é evidenciado pelos caracteres variados dos processos geotectónicos que estão ativamente envolvidos nos processos de deslocamento. Por exemplo, existem elementos descontínuos do tipo divergente e convergente, que são caracterizados por diferentes tipos de recursos minerais.

Uma vez que os processos de deslocação são responsáveis pela ocorrência e formação de sistemas genéticos de dobragem de montanhas distintos, como o sistema de montanhas do tipo subducção e o sistema de montanhas do tipo vulcânico, estes são caracterizados por recursos minerais muito diferentes na sua génese.

Para além disso, os processos de deslocação estão relacionados com a transformação de blocos geológicos individuais na crosta, associados ao seu revestimento, estão também relacionados com vários tipos de minerais. Estes exemplos podem ser citados muitas vezes.

Todas estas informações sugerem que a ocorrência e a formação de minerais apresentam condições geotectónicas favoráveis. No entanto, os parâmetros básicos das condições geotectónicas são a composição do material, a temperatura e a pressão. Se um destes três factores estiver ausente, o processo de mineralização pode não ser pronunciado. A alteração da natureza e da direção dos principais parâmetros, como a composição do material, a temperatura e a pressão, depende de muitos factores.

Estes factores podem incluir todos os processos naturais que ocorrem sob a influência de forças geodinâmicas. Entre estes processos encontram-se muitos processos de transformação, incluindo o metamorfismo e a diagénese, para além de processos que criam tensões na crosta, processos de difusão, processos vulcanoplutónicos, processos de assimilação e diferenciação e muitos outros.

Cada um destes processos naturais tem uma influência nos processos de formação de minerais ou cria uma alteração nos principais parâmetros dos processos de mineralização, como a composição do material, a temperatura e a pressão.

Existem muitos trabalhos geológicos sobre os processos de mineralização, incluindo fontes financeiras dedicadas e discussões científicas. Por conseguinte, não é necessário abrir um debate, uma vez que são amplamente discutidos na literatura científica. O nosso objetivo é e permanece limitado a uma análise na perspetiva da teoria "Evolução geodinâmica da crosta terrestre", para determinar a origem, a formação e os padrões gerais de distribuição dos minerais.

Tudo o que foi dito acima tem como objetivo chegar a uma conclusão comum de que a origem de todos os processos naturais, incluindo a sua ocorrência e formação, bem como os padrões de distribuição de todos os tipos de minerais na génese, está intimamente relacionada com as forças geodinâmicas. Consequentemente, dizemos que, sob a influência das forças geodinâmicas, ocorrem todos os processos geotectónicos globais, associados à origem, formação e padrões de distribuição dos principais tipos de minerais na génese.

20. FORÇAS DE CORIOLIS NA TERRA E SUA IMPORTÂNCIA NA EVOLUÇÃO DA CROSTA TERRESTRE

Resumo

Neste trabalho, afirma-se que as forças de Coriolis têm um papel importante na evolução da crosta terrestre, na perspetiva da evolução geodinâmica da crosta terrestre. É de notar que o aparecimento da teoria e dos seus princípios principais, que lidam com a geodinâmica da crosta, depende da compreensão das forças de Coriolis como a ideia principal da teoria "Evolução geodinâmica da crosta terrestre". A origem da astenosfera, das falhas profundas, dos deslocamentos, entre outros, está intimamente ligada às forças de Coriolis.

O aparecimento da teoria e dos seus princípios fundamentais, relacionados com a geodinâmica da crosta, mostra que as forças de Coriolis constituem uma fonte crucial para a nossa teoria.

Foi necessário que esta teoria fosse desenvolvida através da análise de muitos factos credíveis e processos naturais, bem como de todas as leis e regras físico-mecânicas, de modo a saber se estão ou não relacionadas com o princípio da teoria desenvolvida, incluindo a força de Coriolis.

A propósito, aqui convém dizer o valor de cada construção teórica, incluindo a teoria e os conceitos, pelo que se estima que se possa relacioná-los com outras leis e regulamentos, ou contradizê-los.

No que diz respeito às relações teóricas entre os constructos geotectónicos, os seus preços são medidos por esta regra, o que é bastante aceitável.

Verifica-se que o exemplo da força de Coriolis entre a água (no sentido geológico como hidrosfera) e a superfície da litosfera (litosfera) é deslocado. Estes deslocamentos são na direção latitudinal e estão intimamente associados à rotação da Terra, que ocorre de oeste para leste. E é considerado como um facto fiável que a água, material menos denso do que a substância litosférica, lavou as margens dos rios, ou seja, a pequena quantidade restante da massa litosférica chamada efeito Coriolis.

Este processo ocorre certamente nas margens de qualquer bacia hidrográfica. Infelizmente, tais dados não estão disponíveis, sendo necessários estudos experimentais nas margens da bacia hidrográfica, resultando provavelmente como efeito de Coriolis nestas zonas, pelo que têm valor científico na construção de conceitos científicos.

Este facto mostra que se existe uma mudança de superfície entre a litosfera e a hidrosfera, então este facto reflecte-se inerentemente noutras geosferas da Terra. Utilizámos frequentemente a presença deste facto para estabelecer o efeito das forças de Coriolis durante a construção da teoria "Evolução geodinâmica da crosta terrestre".

Este facto indica que a origem da astenosfera está relacionada com a rotação da Terra. Quando a Terra gira em torno do seu eixo de oeste para leste, há uma mudança de massa entre o manto sólido-líquido e a litosfera. Nesta altura, ocorrem intensas transformações de fase físico-químicas da matéria em todas as zonas de junção da litosfera e do manto superior, o que também determina a origem da astenosfera.

Neste contexto, pode confirmar-se que a astenosfera não é uma geosfera independente da Terra, mas comporta-se apenas como uma zona de transições de fase físicas e químicas que alimenta os processos vulcanoplutónicos e vulcânicos. Com base em numerosos estudos geofísicos, ficou estabelecido que, mesmo no caso de uma crosta continental estável, a astenosfera estaria frequentemente ausente. Por conseguinte, é fraca ou inexistente nestas zonas onde as substâncias sujeitas a transformações de fase físico-químicas.

Se existem transições de fase físicas e químicas entre o manto e a litosfera, então é claro que tais processos ocorrem entre outras geosferas na Terra. No entanto, a intensidade destes processos diminui proporcionalmente com a redução dos raios da Terra e, naturalmente, com a diminuição do raio, a rotação das massas na Terra tem um efeito de velocidade decrescente.

De acordo com o pressuposto do nosso conceito, as transformações de fase físico-químicas têm lugar entre cada uma das geosferas da Terra, com exceção da litosfera e da geosfera. Incluem também aquelas entre o manto e o manto inferior, entre o manto inferior e o superior e, finalmente, entre o manto superior e a litosfera.

Os processos como as transformações de fase físico-químicas da matéria, que ocorreram entre as geosferas da Terra, nem sempre têm um carácter único. Ocorrem mais intensamente entre o manto superior e a litosfera. Não podem expandir as suas actividades para outras geosferas, onde estão sob grande pressão, porque é demasiado grande para criar esse potencial. Certamente, está ativamente envolvido na evolução dos processos internos da Terra.

A evolução da astenosfera, que tem origem nas transformações de fase físico-químicas da matéria ocorridas entre o manto superior e a litosfera, tem desempenhado um papel importante na formação e desenvolvimento dos processos geotectónicos.

Isto deve-se ao facto de a astenosfera cobrir toda a zona sob a litosfera e ter uma relação direta com a litosfera. Por isso, as falhas profundas formam-se quando os processos de deslocação penetram no manto superior, onde há uma atividade crescente de processos físicos e químicos dezenas e milhares de vezes. Além disso, estes processos são acompanhados por um aumento do volume dos produtos.

O volume de produtos materiais sujeitos a transformações de fase físicas e químicas aumenta com o tempo. Isto ajuda a superar as cargas litosféricas.

Por conseguinte, as falhas profundas que contêm matéria subcrustal tendem a penetrar na zona da litosfera, sob a forma de produtos magmáticos que contribuem para o desenvolvimento dos processos vulcanoplutónicos e dos processos de assimilação e diferenciação associados.

Algumas partes destes produtos chegam à superfície da Terra sob a forma de erupções vulcânicas e as restantes distribuem-se pelas zonas interiores da litosfera, sob a forma de formações intrusivas e subvulcânicas.

Na teoria proposta "Evolução geodinâmica da crosta terrestre", os processos físicos e químicos, que não têm contacto direto com a litosfera terrestre e não podem penetrar diretamente na zona da litosfera, mas apenas participar na evolução da astenosfera, têm lugar entre geosferas. Apresentam-se sob a forma de plumas e de suturas, que se elevam de partes distintas da Terra e que, por sua vez, suportam um aumento da atividade dos processos vulcanoplutónicos.

Tendo em conta que as forças de Coriolis estão envolvidas na formação da astenosfera, bem como noutros fenómenos anómalos, é fácil assumir que desempenham um papel considerável na formação de muitos processos naturais, como os processos tectonomagmáticos, vulcanoplutónicos, de falhas e outros.

21. SOBRE A ORIGEM DAS FALHAS DE TRANSFORMAÇÃO E OS SEUS PADRÕES DE DISTRIBUIÇÃO

Resumo

O objetivo deste trabalho é determinar as causas da origem e os contornos da formação das falhas transformantes globais, de acordo com a teoria "Evolução geodinâmica da crosta terrestre". Verifica-se que as falhas de transformação profunda, em regra, se localizam sempre subperpendicularmente às falhas divergentes e convergentes.

As investigações sobre as falhas transformantes são objeto de numerosos trabalhos, tanto de carácter científico (10, 11, 13), como de carácter prático. São muitos os problemas fundamentais discutidos sobre as falhas transformantes, abrangendo várias regiões do mundo, tanto no mar como em terra. A nossa tarefa não é analisar os resultados de trabalhos científicos sobre os vários problemas das falhas transformantes, que são amplamente discutidos na literatura geológica.

O nosso objetivo é analisar as principais caraterísticas das falhas transformantes sob o ponto de vista genético, com base na teoria da "Evolução Geodinâmica da Crosta Terrestre". Isto refere-se principalmente às suas origens, padrões de distribuição e o papel das falhas transformantes na ocorrência e formação de minerais económicos.

Inicialmente, notamos que as falhas de transformação são um dos principais componentes das redes globais de fracturação na crosta. Isso também indica que as falhas transformantes são um dos principais elementos que estão envolvidos na evolução da crosta. A origem das falhas de transformação está associada à deslocação global das massas litosféricas. Na teoria proposta, toda a Terra sólida sofre deslocações durante as deslocações globais.

Nesta altura, as massas litosféricas têm diferentes capacidades de movimento e diferentes velocidades de movimento. Por conseguinte, estão a deformar-se sob a influência de forças geodinâmicas, que determinam a deformação da crosta como um todo a diferentes escalas e caraterísticas variadas dos blocos geológicos.

Diversas e distintas falhas profundas em génese participaram ativamente na formação destes blocos geológicos, que desempenham diferentes papéis na evolução crustal. Estas falhas profundas estão distribuídas principalmente em direcções submeridionais ou sublatitudinais. Normalmente, são sempre paralelas ou subperpendiculares umas às outras (Fig.). O mais importante é declarar que elas se diferenciam em blocos geológicos. A maior parte destas falhas enterradas em profundidade são derivadas do manto.

Estas falhas profundas são classificadas principalmente em três tipos genéticos: divergentes, convergentes e transformadas. Os dois primeiros têm uma direção submeridional durante a formação, e o último tem uma direção sub-latitudinal, o que é bastante lógico e consistente com uma teoria bem desenvolvida, juntamente com leis sobre o desenvolvimento de forças geodinâmicas.

As caraterísticas das falhas profundas do tipo divergente e convergente residem no facto de se terem formado nas zonas de compressão (subducção) ou tensão (espalhamento

ou rift). No entanto, as falhas de transformação formaram-se em zonas de cisalhamento. A sua origem, associada a diferentes deslocações, é sobretudo planetária. Além disso, formam-se entre massas litosféricas em movimento ao longo da crosta terrestre (2).

As falhas de transformação profundas, em regra, podem ser traçadas entre grandes cadeias na crosta terrestre, que estão sob a influência de forças geodinâmicas globais, movendo-se de oeste para leste ou dos pólos para o equador (Fig.). Além disso, as massas litosféricas em movimento podem estar localmente noutras direcções.

Além disso, podem formar-se falhas de transformação entre grandes blocos geológicos de tipo continental, que também se formaram nas zonas de deslocação. Estas falhas de transformação têm frequentemente um curso de desenvolvimento autónomo, típico de plataformas estáveis.

A formação de falhas de transformação profundas ocorre durante o movimento das massas litosféricas. Nesta altura, é gerado um complexo quadro de tensões na superfície da Terra, que eliminou a formação de falhas profundas, incluindo falhas de transformação e tipos de deslocamentos, dividindo vários blocos geológicos na crosta.

Uma caraterística das falhas transformantes globais é o facto de estarem dispostas paralelamente umas às outras em todo o lado, independentemente da sua classificação e posição. Isto mostra que a origem da maior parte das falhas de transformação está associada a deslocamentos sublatitudinais que ocorrem entre várias cadeias de massas litosféricas. Isto revela que a velocidade das massas em movimento depende não só da sua capacidade, mas também da sua localização em relação aos pólos e ao equador.

As falhas de transformação no aspeto genético, de acordo com os conceitos propostos, dividem-se em dois tipos genéticos: carácter global-regional e carácter local.

As falhas transformantes de tipo global-regional, como já foi referido, estão sempre dispostas paralelamente umas às outras, e as falhas transformantes de tipo local desenvolvem-se autonomamente entre blocos geológicos, independentemente das falhas transformantes globais. Podem ser formadas numa variedade de condições geotectónicas.

É de notar que as falhas de transformação, independentemente da sua classificação, são arbitrariamente divididas em escala global e regional, mas não é provável que a sua origem seja diferente. Isto deve-se ao facto de a sua formação ser controlada por processos globais comuns, com exceção das falhas de transformação, que estão geneticamente relacionadas com processos de colisão, apresentando um desenvolvimento de carácter local como a formação.

Relativamente à classificação das falhas transformantes por ordem, só podem ser separadas em termos de magnitude, sendo que a primeira ordem é a das falhas transformantes globais. As suas dimensões são medidas em milhares de quilómetros, localizam-se em posição profunda nos oceanos Pacífico, Atlântico e Índico, como já foi referido, e por vezes a sua dimensão vai de um lado ao outro do continente (Fig.).

Existem falhas de transformação relativamente pequenas, de nível regional, muitas vezes com uma extensão de meio milhar de quilómetros ou mais, localizadas entre estas falhas profundas globais, proporcionando condições gerais de formação com falhas globais.

Neste contexto, a formação de transformações locais de tipo profundo é a mais comum observada em todos os blocos geológicos de tipo genético. A sua formação está intimamente ligada ao mecanismo de movimento específico de certos tipos de blocos geológicos.

As falhas de transformação estão regularmente distribuídas por todo o mundo, tendo em conta as regras gerais sobre a evolução da crosta terrestre. Este facto está relacionado com os padrões de distribuição das forças geodinâmicas. Neste sentido, a distribuição das falhas de transformação também é observada dentro de uma determinada regularidade.

As leis básicas são que estão em relação aos pólos e ao equador, localizados numa determinada ordem. As maiores falhas de transformação estão localizadas perto das faixas de latitude, que estão localizadas perto do equador. Além disso, à medida que a distância do equador aumenta, o seu tamanho diminui gradualmente, o que está de acordo com as forças geodinâmicas, associadas à rotação da Terra.

Nos pólos não existem grandes falhas profundas de tipo genético, incluindo falhas de transformação profundas. Ora, as falhas profundas observadas, localizadas nos pólos da Terra, formaram-se nas outras fases de desenvolvimento da crosta. Estes factos indicam que a formação de falhas profundas está intimamente relacionada com as forças geodinâmicas.

De acordo com a teoria "Evolução geodinâmica da crosta terrestre", todas as falhas profundas globais, também transformadas, são canais de magma subjacentes/subjacentes, que participam ativamente na formação de minérios económicos.

Muitas vezes, ao longo das falhas de transformação encontram-se manifestações de erupções vulcânicas, o que indica que estão associadas à astenosfera.

Tudo isto confirma claramente que a origem das falhas de transformação está geneticamente relacionada com as forças geodinâmicas da Terra. E os seus padrões de desenvolvimento e propagação ocorrem em conjunto com outros processos globais, como os processos de deslocação, a formação de uma rede global de falhas profundas, etc. Todos estes processos globais estão inter-relacionados e bem ligados aos princípios enunciados pela teoria "Evolução geodinâmica da crosta terrestre".

22. A IMPORTÂNCIA DA ROTAÇÃO DA TERRA NA EVOLUÇÃO DA CROSTA TERRESTRE

Resumo

Este artigo analisa a importância da rotação da Terra na evolução da crosta terrestre. Refere-se que a rotação da Terra tem uma grande importância na evolução da crosta, uma vez que a origem das forças geodinâmicas da Terra está associada às rotações, que estão envolvidas na ocorrência e formação de todos os processos geotectónicos, relacionados com a evolução da crosta terrestre.

As reconstruções anteriores não tinham em consideração o significado da rotação da Terra. Neste contexto, as reconstruções geotectónicas apresentavam lacunas e deficiências que criaram algumas dificuldades na explicação das causas da origem de muitos processos geotectónicos, tanto de carácter global como regional-local.

A nossa opinião para ultrapassar estas deficiências e lacunas é que a rotação da Terra pode ser tida em conta no desenvolvimento de novos quadros teóricos geotectónicos, desvendando razões para a origem e condições de formação de muitos processos geotectónicos.

No entanto, é provável que se construa um conceito maduro, que possa ser utilizado como informação fundamental para as geociências, utilizando uma enorme quantidade de factos e materiais recolhidos e credíveis. Estes factos incluem os seguintes:

- para determinar o movimento dos continentes.
- está claramente estabelecido que existe uma mudança de distância entre pontos individuais da Terra.
- A crosta terrestre desintegra-se nas zonas estáveis e móveis.
- contabilizando as forças de Coriolis.
- a identificação de padrões de distribuição na crosta terrestre como erupções vulcânicas e terramotos.
- padrões de distribuição de falhas profundas.
- para estudar as caraterísticas morfo-estruturais dos oceanos do mundo.
- padrões de distribuição de estruturas de dobras.
- padrões de distribuição das forças geodinâmicas.
- para determinar as verdadeiras causas da origem dos fenómenos anómalos.
- a utilização de leis e regulamentos físicos e mecânicos, etc.

O desenvolvimento da teoria "Evolução geodinâmica da crosta terrestre" tem em conta os factos acima mencionados, bem como as leis e regras bem conhecidas da física e da mecânica para determinar se existe ou não uma contradição entre elas.

Sugere-se que uma teoria bem estabelecida esteja ligada aos factos acima mencionados, juntamente com as leis físicas e mecânicas.

Em contraste com as teorias e conceitos anteriores, a nossa teoria da "Evolução geodinâmica da crosta terrestre" pode encontrar soluções para muitas questões problemáticas em geologia, incluindo as verdadeiras causas da origem das falhas profundas e os seus padrões de distribuição no aspeto genético.

Assim, esta teoria, que tem em consideração a rotação da Terra, é proposta devido às lacunas e deficiências das reconstruções teóricas anteriores. As teorias e conceitos anteriores não permitem desvendar muitas questões problemáticas que são objeto de um vivo debate entre os especialistas.

Estes problemas incluem questões como as causas da deslocação das massas litosféricas, a origem da astenosfera, problemas sobre a origem das redes de fracturas profundas e os seus padrões de distribuição e tendências evolutivas, fontes de processos metamórficos, padrões de ocorrência de distribuição nos campos de minerais económicos e muitas outras questões em geotectónica teórica.

Vamos tentar dar caraterísticas genéticas comuns a uma série de processos geológicos com base na nossa teoria. Trata-se de problemas sobre a formação de falhas profundas globais e os seus padrões de distribuição na crosta terrestre, bem como a sua classificação.

No conceito proposto, todas as forças motrizes responsáveis pelos processos geológicos estão geneticamente relacionadas com a rotação da Terra. Como mostra esta teoria (2), a rotação da Terra contribui para a ocorrência de forças geodinâmicas, sob a influência das quais as massas litosféricas se movem.

Estas massas litosféricas deslocam-se de oeste para leste e dos pólos da Terra para o seu equador. No entanto, as forças tangenciais surgiram da inter-relação com as forças geodinâmicas acima descritas. Assim, as massas litosféricas têm um carácter de movimento mais complicado. Para além disso, como a crosta sólida não tem a mesma espessura em todo o lado, estaria sujeita à velocidade diferencial das massas litosféricas.

As massas litosféricas, em ligação com estes movimentos geotectónicos, deslocam-se sob a forma de cadeias de ondas (Fig.). Entre estas cadeias de massas litosféricas, ocorrem várias mudanças que contribuem para a formação das falhas profundas de transformação variável.

A crosta terrestre está a deformar-se em simultâneo com o movimento das massas litosféricas, através de vários blocos geológicos de carácter e classificação. Aqui notamos que a crosta terrestre está dividida em blocos geológicos, que derivam do carácter da forma geométrica, da espessura da crosta e do carácter das massas em movimento.

Existe uma regularidade definida entre a espessura e o tamanho dos blocos de construção, ou seja, o tamanho dos blocos crustais recém-formados que têm uma relação direta com os contornos geológicos sob a encurvadura.

A rotação da Terra sob forças geodinâmicas leva à formação de zonas variáveis de compressão e tensão na direção meridional na Terra, e está também associada ao movimento das massas litosféricas (Fig.). Tipicamente, uma zona de compressão na crosta pode ser traçada em direcções submeridionais como forma de estrutura de subducção. Uma zona de dilatação é observada sob a forma de zonas de espalhamento e de riftes, também evidentes em direcções submeridionais. Tudo isto mostra que as principais forças motrizes para gerar processos geotectónicos globais são forças geodinâmicas, cuja formação está associada à rotação da Terra. Estes processos geotectónicos incluem a formação de fenómenos anómalos (astenosfera, plumas, suturas, diapiros, pontos quentes, etc.), a ocorrência de redes de fracturação globais, a deslocação de massas litosféricas, a formação de diferentes estruturas de tipo dobra, erupções vulcânicas e sismos, tsunamis, etc.

Todos estes processos, tal como a sua origem e formação, estão diretamente relacionados com as forças geodinâmicas. Infelizmente, estes factores e muitos outros não podem ser tidos em conta nos conceitos geotectónicos anteriores. Isto tem contribuído para uma série de erros na explicação das verdadeiras razões para a formação e regularidades dos processos geotectónicos acima mencionados.

Assim, como se afirma sem ambiguidade, a nossa teoria confirma que as forças geodinâmicas são a principal fonte de energia para todos os processos tectónicos causados pela rotação da Terra. Os processos de deslocação ocorrem sob a influência de forças geodinâmicas na crosta terrestre. A sua deslocação é muito complexa por natureza. No entanto, há um fenómeno interessante, que está ativamente envolvido na história do desenvolvimento da crosta terrestre.

Estes fenómenos estão relacionados com numerosos processos geotectónicos de grande dimensão, tais como a ocorrência e a disseminação dos principais elementos na crosta terrestre descontínua, bem como com os seus padrões de distribuição, o que está relacionado com muitos processos globais.

Estes processos incluem uma variedade de tipos genéticos de processos de construção de montanhas, incluindo a ocorrência e formação de estruturas montanhosas de tipo deslocado e vulcânico; a formação de diferentes tipos genéticos de falhas profundas; a origem de erupções vulcânicas e terramotos; o desmembramento da crosta terrestre; a ocorrência e o padrão de distribuição de processos metamórficos; a formação de zonas divergentes e convergentes e processos associados de espalhamento, subducção, rifting, arco-ilha e muitos outros.

Tudo isto sugere que as forças geodinâmicas são as principais forças motrizes dos processos geotectónicos na crosta terrestre. Com base na teoria "Evolução geodinâmica da crosta terrestre", é possível encontrar caraterísticas de muitos processos geotectónicos no aspeto genético. De acordo com esta teoria, todos os processos naturais, incluindo os geotectónicos, estão inter-relacionados. São controlados por leis físicas e mecânicas gerais e caracterizam-se por aspectos gerais e específicos que são caraterísticas de cada um dos fenómenos naturais. Por exemplo, o deslocamento de massas entre geosferas dá origem a qualquer fenómeno físico baseado nos princípios da teoria "Evolução geodinâmica da crosta terrestre". Isto é acompanhado por transições de fase físicas e químicas entre zonas sólidas da Terra, causando a formação de fenómenos anormais como tipos de astenosfera, plumas, diapires, suturas, pontos quentes, etc. No entanto, não se pode dizer que isto tenha ocorrido entre tipos de geosferas, como a atmosfera, a hidrosfera e outras geosferas da Terra, entre as quais existem outros tipos de fenómenos, como se espera da perspetiva da teoria "Evolução geodinâmica da crosta terrestre".

23. A FORMAÇÃO E O MECANISMO DE ALTERAÇÃO DO CENTRO DE GRAVIDADE DA TERRA E O SEU PRIMEIRO SIGNIFICADO NA EVOLUÇÃO DA CROSTA TERRESTRE

Resumo

O presente estudo investiga as razões para a mudança no centro gravitacional da Terra e o seu papel nos processos ligados a forças externas e internas. É de notar que qualquer mudança no centro gravitacional da Terra, e o papel associado de refluxos e marés é muito elevado, bem como os processos de denudação. Um centro gravitacional modificado altera o eixo de rotação da Terra. Quando há uma mudança no eixo de rotação da Terra, os processos geotectónicos, que participaram na evolução da crosta, mudam de carácter e de direção.

Todos os processos geotectónicos, sem qualquer exceção, ocorrem na Terra e na sua crosta inter-relacionada. Este é um dos princípios importantes da teoria "Evolução geodinâmica da crosta terrestre". Os processos geológicos, baseados nos princípios desta teoria, têm um carácter e um desenvolvimento que fazem lembrar as reacções em cadeia. Alguns processos geram outros processos, que por sua vez determinam a formação e o desenvolvimento de outros processos.

Neste aspeto, o centro gravitacional modificado na evolução da crosta terrestre desempenha um papel crucial. O centro gravitacional da Terra muda constantemente e, da mesma forma, a natureza evolutiva do desenvolvimento também. Juntamente com esta mudança, o carácter e a direção que todos os processos geotectónicos têm mudam em todas as áreas da crosta terrestre. Qualquer alteração no centro gravitacional da Terra desencadeia a alteração dos outros parâmetros da Terra, incluindo o eixo terrestre, com o que se deve a natureza e a direção dos processos de deslocação, para além da origem e evolução predeterminadas de muitos fenómenos naturais, também geotectónicos.

Estes processos naturais podem incluir processos naturais de grande dimensão, como a origem e o desenvolvimento da atividade vulcânica e dos sismos; a origem das redes globais de fracturas profundas; os processos vulcanoplutónicos e a formação de minérios; a divisão da crosta terrestre em blocos geológicos separados; a sua deposição e diferenciação e muitos outros processos.

Tudo indica claramente que qualquer mudança no carácter e nas peculiaridades dos processos geotectónicos está associada à transição de uma fase para outra no desenvolvimento da crosta terrestre. Em geral, estas mudanças devem-se à alteração dos parâmetros geométricos da Terra.

Por conseguinte, a primeira coisa que se pretende esclarecer e descrever é elucidar as razões de qualquer alteração dos parâmetros geométricos da Terra, depois investigar o mecanismo das alterações desses parâmetros e, por fim, analisar o seu papel na 93 evolução da crosta terrestre com base nos princípios da teoria "Evolução geodinâmica da crosta terrestre".

As razões para qualquer alteração nos parâmetros da Terra podem estar associadas tanto a forças externas como internas. Essas forças externas envolvem qualquer relação da

Terra com outros corpos celestes, bem como seu mecanismo celestial de movimento. A primeira coisa que se nota é que o próprio Sol e o seu satélite Lua, que diariamente afectam o desenvolvimento da Terra e da sua crosta, e também outros planetas vizinhos no sistema solar.

É de notar que existem algumas influências da Lua nos processos internos da Terra, em particular o fluxo e refluxo, que estão ativamente envolvidos na reconstrução interna da Terra todos os dias.

De acordo com os princípios da nossa teoria, são acompanhados por fenómenos anómalos activos que contribuem para o aparecimento de fenómenos vulcânicos e sismos, mas também de tsunamis.

No que diz respeito às forças internas que afectam qualquer alteração dos parâmetros geométricos da Terra, a primeira coisa que devo mencionar são os processos de desnudação que influenciam significativamente os parâmetros geométricos da Terra. Todos os processos acima referidos participam ativamente na evolução da crosta terrestre.

Assim, como se demonstra, a alteração do centro gravitacional da Terra influencia ativamente o desenvolvimento e a evolução das forças geodinâmicas associadas à evolução da crosta terrestre. Em especial, qualquer mudança no eixo de rotação da Terra altera o carácter e a direção dos processos geotectónicos, que são particularmente importantes nas reconstruções paleotectónicas.

Foi acima referido que qualquer alteração no eixo de rotação da Terra mudaria o carácter e a direção de muitos processos geotectónicos globais. Estes processos incluem processos globais de deslocação, formação de astenosfera, plumas, diapires, suturas, pontos quentes e outros fenómenos anómalos, a origem e o desenvolvimento de redes globais de fracturação e o seu padrão de distribuição, o carácter e o desenvolvimento de forças geodinâmicas, entre muitos outros.

As forças geodinâmicas, cuja origem está intimamente ligada à rotação da Terra, são as forças motrizes baseadas nos principais processos geotectónicos que ocorrem na Terra e na sua crosta. São principalmente forças que moldam o desenvolvimento da Terra e da sua crosta e, por isso, ocupam um lugar especial.

Os processos de deslocação global, gerados por forças geodinâmicas, têm um caso especial na evolução da crosta terrestre, uma vez que estes processos envolvem a origem e o padrão de distribuição de falhas profundas.

As falhas profundas que penetram no manto superior estão ligadas a estes processos nestas partes da crosta terrestre, e ocorre uma diminuição da temperatura e da pressão, e esta diminuição da temperatura e da pressão é acompanhada pela intensificação das transições de fase físicas e químicas, o que explica o aparecimento de eventos vulcânicos e terramotos.

A ativação de transformações de fases físicas e químicas está também associada ao processo de vazantes e marés nestas situações, podendo gerar tsunamis. Durante o período de vazante e maré, ocorre uma eventual reconstrução no interior da Terra, provocando uma expansão da astenosfera, relacionada com processos geotectónicos, nomeadamente erupções vulcânicas, sismos e tsunamis, que muitas vezes ocorrem em simultâneo.

Os processos de deslocação estão associados ao movimento das massas litosféricas, que estão relacionadas com a origem e os padrões de distribuição das falhas profundas. Estas falhas profundas formam estruturas em camadas, abrangendo toda a Terra e unindo todos os tipos genéticos de falhas profundas, que são importantes na evolução da crosta terrestre.

Ao mesmo tempo, as falhas profundas são condutas de alimentação nas erupções vulcânicas e nos processos vulcanoplutónicos. Estas falhas profundas resultam na formação de processos complexos de geração de minério, dando produtos destes processos com migração para o topo com um canal em boas condições, e assim participam na formação de recursos minerais.

As falhas profundas também participam na ocorrência e formação de vários tipos de estruturas de dobragem de montanhas. Estas compreendem estruturas montanhosas vulcanogénicas, que estão localizadas ao longo das falhas profundas.

Muitos eventos de construção de montanhas estão geneticamente associados a falhas profundas do tipo divergente e convergente.

Cada tipo de falhas profundas portadoras de minério é geneticamente caracterizado pelo conjunto de minerais inerentes. Isto deve-se ao facto de as falhas profundas se terem formado e ocorrido em ambientes tectónicos distintos. Por conseguinte, os recursos minerais, normalmente encontrados nas falhas profundas, dividem-se principalmente em dois grupos genéticos. Alguns deles formaram-se em zonas de tensão, enquanto outros em zonas de compressão.

As zonas de tensão existentes compreendem depósitos minerais, que são predominantes nas zonas de espalhamento e de rifte. E as zonas de compressão são constituídas principalmente por minerais, comuns nas zonas de subducção.

Todos estes grupos são caracterizados por falhas na direção submeridional. Para além disso, existe um terceiro grupo de falhas de carácter transformante e de colisão. As falhas de transformação são subperpendiculares às falhas submeridionais. Estas falhas são também de origem mantélica, dispostas paralelamente umas às outras e com capacidade de gerar minério.

Tal como acontece com as falhas do tipo colisão, o seu padrão de distribuição tem um carácter algo diferente das condições geotectónicas de formação relacionadas, e a sua formação depende da natureza dos blocos geológicos envolvidos na formação destas falhas profundas do tipo colisão. As falhas profundas do tipo colisão, tal como outras falhas, têm uma capacidade de geração de minério.

Todos os factos acima referidos são claramente coerentes com os princípios da teoria "Evolução geodinâmica da crosta terrestre". Os princípios básicos são os seguintes:

1. As principais forças motrizes dos processos geotectónicos são as forças geodinâmicas com os padrões de distribuição na crosta terrestre, que podem alterar o seu carácter e direção, através da alteração do centro gravitacional da Terra e, assim, do eixo de rotação da Terra.

2. A origem da astenosfera, da pluma, da sutura, dos diapiros e dos pontos quentes está ligada a transformações de fase físico-químicas, que estão relacionadas com a deslocação da geosfera devido às forças de Coriolis, que também estão associadas a forças geodinâmicas.

As forças de Coriolis foram estabelecidas pela primeira vez entre a água (no sentido geológico como hidrosfera) e a litosfera por um cientista francês Coriolis. O autor da teoria "Evolução geodinâmica da crosta terrestre" aceitou o ponto de vista de que as forças de Coriolis prevalecem entre todas as diferentes esferas em carácter, incluindo todas as várias geosferas formadas na Terra, existiam no ambiente denso e sólido da Terra, observadas como a forma de transições de fase físicas e químicas, e dentro de uma geosfera, chamada de hidrosfera, atmosfera, ionosfera e outras com indicações do desenvolvimento nos outros tipos de processos.

3. Determinação da origem e do padrão de distribuição das forças geodinâmicas na crosta terrestre (Fig.).

4. Sobre a possível influência dos corpos celestes no desenvolvimento da crosta terrestre.

5. Ebbs e marés e o seu impacto nos processos internos da Terra.

6. A origem das falhas profundas globais, e a sua formação e padrão de distribuição na crosta terrestre.

7. Todos os processos geotectónicos globais estão inter-relacionados.

Tendo em conta os princípios básicos desta teoria, tal como acima descritos, o desenvolvimento da teoria "Evolução geodinâmica da crosta terrestre" revelou que todos os fenómenos naturais, como os acontecimentos geotectónicos, têm lugar nas esferas da Terra e da crosta inter-relacionada.

Se analisarmos o processo de ocorrência e mudança do centro gravitacional na Terra sob a perspetiva dos princípios da teoria "Evolução geodinâmica da crosta terrestre", verifica-se que o planeta Terra no período inicial de formação da Terra constituiu um todo com seu centro gravitacional devido a forças externas. E no futuro, participa na sua evolução e nos processos internos, que são principalmente aqueles processos que alteram os parâmetros geométricos da Terra, o que implicou uma alteração do seu centro gravítico, independentemente do carácter pré-determinado no desenvolvimento e direção dos principais processos tectónicos como a denudação, deslocação, vulcanoplutónica, redes de fracturação profunda, etc., envolvidos na evolução da crosta terrestre.

24. PRISMAS ACRECIONÁRIOS, SUA OCORRÊNCIA, MECANISMO DE FORMAÇÃO E CONDIÇÕES GEOTEÓNICAS DE FORMAÇÃO

Resumo

Neste trabalho procura-se estabelecer as causas da formação dos prismas acrecionários e as suas condições geotectónicas de formação, bem como o seu mecanismo de formação no aspeto genético. Verifica-se que a formação de prismas acrecionários está associada a processos de subducção, e a sua estrutura envolveu principalmente produtos, primeira e segunda camadas de bacias oceânicas.

Localizadas entre os tipos de crusta oceânica e continental, as zonas de compressão foram sujeitas a processos geotectónicos complexos. Um desses processos é a ocorrência e formação de prismas acrecionários, comuns em zonas de subducção.

Os processos de acreção e os seus produtos são estudados e analisados sob vários pontos de vista. Os processos acrecionários no aspeto geotectónico são amplamente estudados pelos mobilistas tendo em vista a tectónica de placas (11). Os processos acrecionários são típicos das zonas de subducção. Neste contexto, não há diferenças entre os mobilistas e a nossa teoria "Evolução geodinâmica da crosta terrestre".

Os mobilistas, bem como a teoria "Evolução geodinâmica da crosta terrestre", sugerem que as condições geotectónicas que formam os prismas acrecionários estão intimamente relacionadas com a sua composição e estrutura. No entanto, os mobilistas não descobriram as razões da formação destas estruturas geológicas impressionantes, o que é muito importante nas reconstruções paleogeotectónicas.

A nossa tarefa é averiguar as causas da formação, o mecanismo e as condições geotectónicas que formam os prismas acrecionários, bem como a sua composição e estrutura na perspetiva da teoria "Evolução geodinâmica da crosta terrestre".

Comecemos pelo facto de muitas questões relacionadas com a ocorrência e as condições geotectónicas de formação, bem como o mecanismo de formação dos prismas acrecionários, terem semelhanças e diferenças entre a teoria "Evolução geodinâmica da crosta terrestre" e a tectónica de placas.

Ambos os conceitos de formação de prismas acrecionários estão associados a processos de subducção, mas o seu mecanismo de formação é explicado de várias formas.

A teoria da tectónica de placas assume que as zonas de subducção se formaram como resultado de movimentos contrários dos tipos de crosta continental e oceânica entre si, onde o material básico originado pela crosta oceânica formou o prisma acrecionário (11). No entanto, a tectónica de placas não elucida claramente as forças motrizes que resultam na deslocação dos blocos geológicos que se encontram nos locais onde se formaram os prismas de acreção, nem as razões para a intensidade da velocidade e direção que os blocos geológicos têm na crosta terrestre.

Alguns mobilistas acreditam que o movimento dos blocos geológicos está associado a fluxos mantélicos. Então, isso naturalmente provoca uma pergunta: o que levou à formação do fluxo do manto? Assim, surgem muitas questões que se contradizem, criando um terreno de discussão.

Todas estas e outras questões podem ser explicadas na perspetiva da teoria "Evolução geodinâmica da crosta terrestre". Esta teoria provou definitivamente que a força motriz de todos os processos tectónicos envolvidos na formação e desenvolvimento da crosta terrestre, como os prismas de acreção, são forças geodinâmicas associadas à rotação da Terra (1, 3).

Para além dos princípios mencionados, a teoria "Evolução geodinâmica da crosta terrestre" sugere que o movimento não só de qualquer bloco geológico individual da crosta, como também o movimento das massas litosféricas está sob o controlo das forças geodinâmicas acima mencionadas, incluindo a taxa de deslocamento de qualquer bloco geológico individual e a orientação, para além do seu desenvolvimento posterior.

Esta explicação baseia-se nos princípios desta teoria, que elucida o carácter e o mecanismo de movimento das massas litosféricas, com padrões de desenvolvimento pré-determinados na crosta terrestre devido aos mesmos padrões de distribuição das forças geodinâmicas.

Ao contrário de outros conceitos, a teoria "Evolução geodinâmica da crosta terrestre", determina o carácter e a orientação, bem como os padrões de distribuição dos processos de deslocação, que se encontram em três direcções dominantes (Fig.).

A maior parte das forças geodinâmicas estão orientadas para leste, enquanto outras estão orientadas dos pólos da Terra para o seu equador. Além destas, existem outras áreas de forças geodinâmicas com carácter tangencial, que surgiram da relação das três primeiras direcções. Estas têm uma direção sudeste no hemisfério norte e nordeste no hemisfério sul. Todas estas forças geodinâmicas estão ativamente envolvidas na implantação de massas litosféricas, incluindo na ocorrência e formação de prismas acrecionários.

Os processos de deslocação sob a influência de forças geodinâmicas devem ocorrer naturalmente numa determinada direção. No entanto, em relação a isto, as massas litosféricas não têm a mesma espessura em todo o lado, e é claro que existe uma natureza diferencial na espessura e, por conseguinte, este padrão é violado. Por esta razão, as mesmas condições geodinâmicas necessárias para a formação de prismas de acreção são violadas.

O processo de deslocação de massas litosféricas, do tipo oceânico e continental, entre blocos geológicos individuais e a crosta terrestre como grandes blocos geológicos, inclui compressão e tensão, cada uma das quais caracterizada por processos geotectónicos. Uma destas caraterísticas nos processos subduccionais está associada à formação de prismas acrecionários.

No entanto, a formação de prismas acrecionários apresenta uma regularidade definida. Na atual fase de desenvolvimento da crosta terrestre, os processos acrecionários ocorrem na direção submeridional de acordo com estes produtos, o que está relacionado com os processos de deslocação que ocorrem principalmente sob a influência de forças geodinâmicas com direção oriental.

Este padrão, principalmente com caraterísticas pré-determinadas, ocorre como tipos de crosta oceânica e continental, que forma uma zona de compressão e, ao mesmo tempo, processo de formação de prismas acrecionários (Fig.).

Na perspetiva da teoria "Evolução Geodinâmica da Crosta Terrestre" a formação de prismas acrecionários ocorre nas zonas de junção da crosta oceânica e continental, relacionadas com processos de subducção. A perspetiva de que os processos de subducção são acompanhados pela existência e formação de prismas acrecionários é proposta pela teoria "Evolução geodinâmica da crosta terrestre", tal como se apresenta na forma seguinte.

No processo de subducção de uma crosta oceânica mais densa e espessa com um encontro com uma crosta continental de baixa densidade, de acordo com a lei da mecânica, elas convergem uma em relação à outra. Neste sentido, a camada superior de baixa densidade da crosta oceânica frustra-se com a crosta de tipo continental, onde se dá a acreção com forma de prisma nas zonas de compressão.

A parte básica e densa da crosta oceânica desce para uma zona de astenosfera, onde se dá a ativação de transições de fase físicas e químicas. Estas activações desencadeiam processos vulcanoplutónicos, que são normalmente acompanhados por erupções vulcânicas e mineralização, ambos típicos das zonas de subducção.

De acordo com os parâmetros geométricos da teoria, os prismas acrecionários com uma estrutura, composição e outras caraterísticas típicas estão relacionados com o carácter, estrutura, composição e parâmetros geométricos dos blocos geológicos convergentes. Estes podem formar um prisma acrecionário extremamente diversificado, tanto na forma como na estrutura e composição, reflectindo as caraterísticas proeminentes das condições dos movimentos tectónicos.

Na perspetiva da teoria, os prismas acrecionários desenvolveram-se principalmente perto das faixas equatoriais da Terra, deixando de lado os pólos da Terra. Os processos de prismas acrecionários diminuem gradualmente em direção aos pólos e faltam completamente nos pólos, o que é bastante lógico tendo em conta a nossa teoria.

A estrutura dos prismas acrecionários envolve principalmente a primeira e a segunda camadas de crosta do tipo oceânico, ou seja, sedimentos de fundo mecanicamente fracos, que se frustram com a crosta continental numa zona de subducção e formam uma acumulação mais espessa, participando na formação de prismas acrecionários e são os principais constituintes do passado.

Estas acumulações prismáticas participam igualmente nos produtos derivados da plataforma continental. Assim, a estrutura do prisma acrecionário pode estar envolvida, exceto a primeira e segunda camadas da crosta oceânica, bem como a formação continental terrestre. Isto complica a composição, a estrutura e outras caraterísticas dos prismas acrecionários, o que é um fenómeno natural nos processos de formação de prismas acrecionários.

É particularmente importante salientar que os processos de subducção ocorrem tipicamente nas margens ocidentais dos grandes continentes, o que está de acordo com os princípios da teoria "Evolução geodinâmica da crosta terrestre". Isto acontece provavelmente durante a rotação da Terra, em vez de se relacionar, em geral, com a deslocação de qualquer massa litosférica grande e mais espessa, bem como de blocos geológicos estáveis. A velocidade está, em regra, sempre atrasada em relação aos outros blocos geológicos em movimento. Em relação a este facto, assentam no manto superior e dificultam o seu movimento em relação à lei da isostasia.

Existem blocos geológicos adjacentes, mais móveis, que se encontram em zonas estáveis à face dos obstáculos onde existe uma compressão. Esta ligação cria uma zona de compressão que contribui para a formação e o desenvolvimento da subducção.

Como se depreende do que precede, os prismas acrecionários podem ter uma composição extremamente diversificada, uma vez que a área de formação das suas fontes é muito grande. Estas fontes podem ser compostas por vários tipos de rochas, cada uma das quais pode potencialmente fazer parte do prisma acrecionário.

As análises da composição dos materiais, de acordo com a teoria "Evolução geodinâmica da crosta terrestre", indicam claramente que a ocorrência e formação de prismas acrecionários na história do desenvolvimento da crosta terrestre é um fenómeno geológico.

Em regra, os prismas acrecionários formaram-se nas zonas de compressão no aspeto histórico, pelo que a sua deteção é de grande importância científica numa dada região do mundo, especialmente nas reconstruções paleotectónicas globais. Para além disso, os processos de acreção são importantes porque estão associados apenas a grandes zonas de compressão.

Assim, os prismas acrecionários só podem ser formados a partir destas zonas de compressão que estão associadas a grandes blocos geológicos da crosta terrestre, como grandes continentes, delimitando, tal como grandes blocos geológicos da crosta oceânica.

Resumindo tudo o que foi dito, podemos concluir que a elucidação das razões da ocorrência, das condições de formação tem uma grande importância científica e prática, para além de estabelecer a composição e a estrutura dos prismas acrecionários.

25. FORÇAS GEODINÂMICAS NA TERRA E SEU PAPEL NA FORMAÇÃO DE CAMPOS DE MINERALIZAÇÃO

Resumo

Neste artigo, analisamos o papel das forças geodinâmicas na formação de recursos minerais. É de notar que o papel das forças geodinâmicas é importante para a ocorrência e formação de estruturas vulcanoplutónicas, bem como para os processos metamórficos. Além disso, está associado às condições de origem e formação de muitos tipos de minerais na génese, devido ao facto comprovado de que as forças geodinâmicas participam na ocorrência e formação destes processos.

Desvendar a origem, as condições de formação e os padrões de distribuição e ocorrência dos minerais é o principal tema das geociências, incluindo a geotectónica. Por isso, esta questão requer cuidados especiais na sua gestão.

Não nos cabe a tarefa de analisar todos os problemas associados aos recursos minerais. O nosso principal objetivo é caraterizar os processos fundamentais relacionados com o problema da origem, mecanismo de formação e padrão de distribuição dos principais tipos de minerais na perspetiva da teoria "Evolução geodinâmica da crosta terrestre". Identificar as principais caraterísticas de desenvolvimento associadas à origem, formação, bem como as leis que regem a distribuição dos principais tipos de recursos minerais na génese é essencial para a criação de um quadro teórico, envolvendo pré-requisitos para a sua deteção e exploração como os mais rentáveis na base económica.

A criação de um quadro teórico para a investigação geológica em geral e, por conseguinte, para a investigação geológica em particular, foi e continua a ser uma prioridade nos estudos geológicos.

a deteção e exploração de depósitos minerais. Sem a construção de uma base teórica para a descoberta e exploração dos recursos minerais, é necessário despender fundos avultados, que causam enormes prejuízos a qualquer economia nacional.

No aspeto histórico, portanto, a realização de estudos neste sentido orientados em vários ramos das geociências. As tentativas de resolução destes problemas deram lugar à atribuição de uma quantidade colossal de trabalhos científicos importantes para o desenvolvimento das geociências, tanto em termos científicos como práticos.

Apesar disso, há ainda muitas questões por resolver que exigem uma resposta positiva, por exemplo, as forças motrizes dos processos geotectónicos. Além disso, algumas delas envolvem razões para o movimento dos continentes, a origem dos vulcões, os terramotos, a origem da astenosfera, plumas, diapiros, tsunamis, etc., fenómenos anómalos, a origem das falhas profundas, a origem dos continentes e oceanos, a origem, formação e regularidades de distribuição dos recursos minerais e muitas outras questões. Todas estas questões podem obter uma resposta positiva na perspetiva da teoria "Evolução geodinâmica da crosta terrestre", que é atualmente objeto de um debate permanente.

A nossa tarefa sobre a origem do vkhoditvyyasnit, de acordo com a teoria "Evolução geodinâmica da crosta terrestre", revela as condições de formação, padrões de distribuição e implantação dos principais tipos de depósitos minerais na génese, bem como o papel dos processos geotectónicos globais na ocorrência e formação de campos de mineralização.

Esta teoria, que teve origem nos processos geotectónicos, está envolvida na origem e formação dos principais tipos de minerais associados às forças geodinâmicas da Terra. Isto significa que os principais tipos de depósitos minerais se formaram sob o efeito destas forças na crosta terrestre. Estas forças também determinam os padrões da sua distribuição e posição na crosta terrestre.

Isto indica claramente que todos os tipos de condições geotectónicas, com as quais se relacionam a origem e a formação de diferentes tipos genéticos de minerais, predeterminam padrões de distribuição de forças geodinâmicas.

Com base neste princípio, esta teoria pode determinar padrões de distribuição de tipos genéticos básicos de recursos minerais. Uma vez que a origem e o mecanismo de formação de cada mineral no tipo genético é caracterizado, os recursos minerais estão normalmente sujeitos a movimentos tectónicos nos quais se podem formar e também ligados a forças geodinâmicas.

Isto significa que a origem dos diferentes recursos minerais, juntamente com a sua formação, está intimamente relacionada com os movimentos tectónicos, onde podem ser formados e agitados. Isto indica claramente que a origem dos recursos minerais é a primeira coisa a observar nas suas condições geotectónicas de ocorrência. As condições geotectónicas são de importância primordial na origem e formação dos minerais e as restantes são subordinadas.

Portanto, cada tipo de recurso mineral é caracterizado por um movimento tectónico inerente. Do ponto de vista da teoria "Evolução geodinâmica da crosta terrestre", a criação das condições necessárias para a origem, formação e deposição de determinados tipos de minerais ocorre com a participação de vários factores.

Entre estes factores, são importantes a composição do material, a temperatura e a pressão, todos eles de carácter variável. Têm um carácter típico de desenvolvimento, além dos seus padrões de distribuição de forças geodinâmicas na crosta terrestre, que estão de facto associados a muitos processos geotectónicos que requerem estudos especiais.

Todos estes processos geotectónicos estão direta ou indiretamente relacionados com as forças geodinâmicas. Uma variedade de processos complexos, incluindo os geotectónicos, tem lugar sob a influência destas forças na crosta. Além disso, estes sugerem a existência de diversas condições geotectónicas, que estão associadas à origem e formação de vários minerais do tipo génese. Por conseguinte, a ocorrência e a variedade genética são predeterminadas por estas condições geotectónicas.

A formação de condições geotectónicas é um processo muito complicado. Está associado a processos globais distintos. Estes processos globais são principalmente os seguintes: o encurvamento e a deslocação das massas litosféricas; a ocorrência de falhas profundas globais, incluindo redes de fracturação globais e associadas a processos de subducção, espalhamento e rifting, processos metamórficos globais, processos vulcanoplutónicos, processos de ocorrência de zonas de tensão; processos de colisão e também a formação de diferentes tipos genéticos, sistemas de dobragem de montanhas e muitos outros.

Todos os tipos de condições geotectónicas que contribuem para a origem e formação de vários minerais na génese estão intimamente relacionados com os processos globais acima enumerados. Cada um destes processos globais tem uma certa importância para a origem, o isolamento e a deposição de tipos individuais de associações minerais que podem participar na ocorrência e formação de tipos minerais específicos.

Os recursos minerais em todos os tipos genéticos, cada um dos quais está associado aos processos acima mencionados, têm uma história de origem e formação, necessária para descobrir com esta posição. Naturalmente, os principais parâmetros de mineralização, que são partes integrantes de qualquer tipo de mineral na génese, são a temperatura e a pressão, bem como as suas composições reais de formação de minerais. A composição do material, a temperatura e a pressão são factores primários na ocorrência e formação de qualquer mineral, e o resto pode afetar de forma subordinada.

A complexidade dos processos de deslocação está intimamente relacionada com as forças geodinâmicas, tendo em conta todas as caraterísticas de complexidade e padrões de distribuição implicados em vários tipos genéticos de recursos minerais.

O papel dos processos de deslocação na distribuição dos recursos minerais é muito grande. Isto é evidenciado pelos caracteres variados dos processos geotectónicos que estão ativamente envolvidos nos processos de deslocamento. Por exemplo, existem elementos descontínuos do tipo divergente e convergente, que são caracterizados por diferentes tipos de recursos minerais.

Uma vez que os processos de deslocação são responsáveis pela ocorrência e formação de sistemas genéticos de dobragem de montanhas distintos, como o sistema de montanhas do tipo subducção e o sistema de montanhas do tipo vulcânico, estes são caracterizados por recursos minerais muito diferentes na sua génese.

Para além disso, os processos de deslocação estão relacionados com a transformação de blocos geológicos individuais na crosta, associados ao seu revestimento, estão também relacionados com vários tipos de minerais. Estes exemplos podem ser citados muitas vezes.

Todas estas informações sugerem que a ocorrência e a formação de minerais apresentam condições geotectónicas favoráveis. No entanto, os parâmetros básicos das condições geotectónicas são a composição do material, a temperatura e a pressão. Se um destes três factores estiver ausente, o processo de mineralização pode não ser pronunciado. A alteração da natureza e da direção dos principais parâmetros, como a composição do material, a temperatura e a pressão, depende de muitos factores.

Estes factores podem incluir todos os processos naturais que ocorrem sob a influência de forças geodinâmicas. Entre estes processos encontram-se muitos processos de transformação, incluindo o metamorfismo e a diagénese, para além de processos que criam tensões na crosta, processos de difusão, processos vulcanoplutónicos, processos de assimilação e diferenciação e muitos outros.

Cada um destes processos naturais tem uma influência nos processos de formação de minerais ou cria uma alteração nos principais parâmetros dos processos de mineralização, como a composição do material, a temperatura e a pressão.

Existem muitos trabalhos geológicos sobre os processos de mineralização, incluindo fontes financeiras dedicadas e discussões científicas. Por conseguinte, não é necessário abrir um debate, uma vez que são amplamente discutidos na literatura científica. O nosso objetivo é e permanece limitado a uma análise na perspetiva da teoria "Evolução geodinâmica da crosta terrestre", para determinar a origem, a formação e os padrões gerais de distribuição dos minerais.

Tudo o que foi dito acima tem como objetivo chegar a uma conclusão comum de que a origem de todos os processos naturais, incluindo a sua ocorrência e formação, bem como os padrões de distribuição de todos os tipos de minerais na génese, está intimamente relacionada com as forças geodinâmicas. Consequentemente, dizemos que, sob a influência das forças geodinâmicas, ocorrem todos os processos geotectónicos globais, associados à origem, formação e padrões de distribuição dos principais tipos de minerais na génese.

26. O MECANISMO DE DESLOCAÇÃO DAS MASSAS LITOSFÉRICAS E A SUA IMPORTÂNCIA NA EVOLUÇÃO DA CROSTA TERRESTRE

Resumo

Neste trabalho, começa-se por referir que as massas litosféricas têm mecanismos de movimento, que estão associados à origem de muitos processos tectónicos, incluindo a origem de falhas profundas globais, processos vulcanoplutónicos, processos de construção de montanhas, etc., cada um dos quais é responsável pela transformação da crosta terrestre.

O facto de a deslocação na crosta terrestre ser uma das questões importantes em geologia requer um estudo detalhado. Os processos de deslocação têm uma grande importância científica e prática. Este processo está relacionado com uma variedade de processos geotectónicos, que participaram na formação de vários recursos minerais de tipo genético, bem como na formação de muitos eventos de construção de montanhas. Por conseguinte, a interpretação da natureza e dos padrões de distribuição destes processos de deslocação sempre atraiu os geocientistas.

Neste contexto, este tema é objeto de numerosos trabalhos científicos (11, 13), e elucidou várias questões associadas aos processos de deslocação, nomeadamente sobre formas bem desenvolvidas e sobre o papel dos processos de construção de montanhas ao longo de muitas regiões da Terra. O mecanismo de formação de diferentes estruturas de dobragem de tipo genético é construído a partir de diferentes conceitos tectónicos, um como ponto de vista mobilista e outro como ponto de vista fixista. Os resultados destes estudos são amplamente discutidos na literatura geológica. A nossa opinião nestas discussões é que existem muitos pontos controversos relacionados com as discussões de várias questões, porque os investigadores surgiram da perspetiva de vários conceitos até agora. Não há necessidade de nos debruçarmos sobre a discussão destes trabalhos.

O nosso objetivo é revelar as principais caraterísticas do desenvolvimento dos processos de deslocação: tais como o mecanismo de movimento das massas litosféricas, o papel das deslocações nos processos de construção de montanhas, o papel dos processos de deslocação na origem de falhas profundas, o papel dos processos de deslocação na origem e posterior desenvolvimento de processos vulcanoplutónicos, a formação de zonas de tensão, de tipo compressional e tensional, e a sua associação com a transformação metamórfica, o papel dos processos geodinâmicos na origem e desenvolvimento dos processos de deslocação, a origem de fenómenos anómalos como a astenosfera, plumas, diapiros, suturas, pontos quentes, tsunami, etc., e muitas outras questões relacionadas com o desenvolvimento e a evolução dos processos geotectónicos do ponto de vista da teoria "Evolução geodinâmica da crosta terrestre".

A afirmação acima mencionada indica claramente que os processos de deslocamento são um dos processos geotectónicos globais, ativamente envolvidos na evolução da crosta terrestre e interligados com os principais processos geotectónicos globais. Por conseguinte, estes constituem um grande problema que exige uma investigação especial tendo em conta a teoria "Evolução geodinâmica da crosta terrestre".

Tentamos apenas explicar e caraterizar as principais caraterísticas dos processos de deslocação, que desempenharam um papel crucial na evolução da crosta.

Cada teoria sobre esta questão é digna de nota quando está bem correlacionada com os processos e fenómenos geológicos, em particular intimamente relacionada com a nossa teoria geotectónica.

A primeira questão a discutir deve ser a origem dos processos de deslocação associados aos processos geodinâmicos. As forças geodinâmicas são as forças motrizes de todos os processos geodinâmicos globais e, naturalmente, da deslocação. Os processos de deslocação determinam a origem de outros processos geotectónicos, de nível relativamente inferior, o que é consistente com os princípios da teoria "Evolução geodinâmica da crosta terrestre". A questão principal entre estes processos é referida acima e requer uma explicação mais pormenorizada.

Estes processos envolvem, de facto, otnositsya e mecanismo de movimento das massas litosféricas. O movimento das massas litosféricas e os seus padrões de desenvolvimento dependem de muitos factores que desempenham um papel essencial na formação de formas estruturais tekh ou inyikh (muito ou menos?) (várias). Entre estes, encontram-se a velocidade de movimento das massas litosféricas e os seus parâmetros geométricos. Por sua vez, a espessura das massas em movimento determina a velocidade do movimento.

Isto deve-se ao facto de que onde as massas litosféricas são espessas, a velocidade diminui e vice-versa. Este princípio da teoria "Evolução geodinâmica da crosta terrestre" é razoável, uma vez que as massas litosféricas mais espessas estão mais profundamente assentadas no manto superior do que as mais finas, de acordo com a lei da isostasia, e assim dificultam o movimento das massas.

Outros factores importantes estão associados aos padrões de distribuição das forças geodinâmicas, que se distribuem de forma diferente em algumas regiões da Terra, o que causou um forte efeito no movimento das massas litosféricas. Para além disso, a distribuição diferencial das forças geodinâmicas cria simultaneamente um quadro muito complexo de tensões na crosta, tanto de tipo compressional como tensional. Além disso, provoca uma distribuição natural de zonas de compressão e de tensão, ou seja, zonas divergentes e convergentes, que estão associadas à origem e ao desenvolvimento de falhas profundas (1, 3.11).

O papel das falhas profundas na evolução da crosta terrestre reside no facto de estarem associadas a processos de deslocação, provocando o desenvolvimento de deslocações, independentemente da sua origem. A nossa opinião é que os processos de deslocação são responsáveis pela origem dos processos vulcanoplutónicos, pela formação de sistemas e estruturas de dobragem de montanhas, bem como por eventos vulcânicos e sismos e muitos outros processos que estão intimamente associados aos processos de deslocação. Por exemplo, os processos de deslocação desempenham um papel vital na formação de muitas mineralizações, especialmente a mineralização endógena.

A origem dos principais tipos de mineralização de minérios, relacionados com os processos vulcanoplutónicos, está de facto intimamente associada a falhas profundas, que desempenharam um papel na água magmática derivada do manto, transportando magma da astenosfera ou produtos juvenis que chegam à litosfera. Estes produtos são ejectados sob a forma de erupções vulcânicas ou sujeitos a diferenciação magmática no interior da litosfera, bem como a participação em processos de assimilação que determinam a formação de diferentes minerais de tipo genético.

Para além do acima mencionado, os processos de deslocação na crosta terrestre formaram um quadro complexo de vários tipos genéticos de tensões, tanto compressionais como tensionais. Eles determinam a ocorrência e a formação de minerais metamórficos na origem.

Os processos de deslocação têm também um papel crucial na ocorrência e formação de sistemas de dobragem de montanhas, para além da formação de minerais de minério associados a estes processos.

Os processos de deslocação influenciam ativamente o desenvolvimento dos processos de denudação. Durante a deslocação formou-se um relevo positivo que se reflecte em muitas estruturas montanhosas que contribuem para a intensidade dos processos de desnudação, associando-se à evolução crustal.

De um modo geral, o acima exposto mostra que os processos de deslocação desempenham um papel vital na evolução da crosta terrestre. Sem ter em conta estes processos, as investigações geológicas, incluindo as paleotectónicas, não são suficientes para compreender os acontecimentos naturais.

Assim, esta análise efectuada sobre os processos de deslocação na perspetiva da teoria "Evolução geodinâmica da crosta terrestre" abre um novo horizonte nas geociências. Os resultados obtidos a partir destes estudos têm uma importância não só científica mas também prática, para a deteção e exploração de depósitos minerais.

Literatura

1. Hagverdiyev H.T. The geodynamics of the earth's crust evolution (A geodinâmica da evolução da crosta terrestre). 62 Turkiy.
Jeoloji Kur. Ankara.2009.

2. Hagverdiyev H.T.Geodinâmica da evolução da crosta terrestre (teoria) 62 Turkiy.
Jeoloji Kur. Ankara.2009.

3. Hagverdiyev H.T. New geodynamic model of the displacement of lithospheric masses (Novo modelo geodinâmico da deslocação das massas litosféricas). 62 Turkiy. Jeoloji Kur. Ankara.2009

4. Hagverdiyev H.T. O novo modelo geodinâmico da deslocação da massa da litosfera. 62 Turkiy. Jeoloji Kur. Ankara.2009.

5. Hagverdiyev H.T. Kitakadugu Evrimi!nin Jeoldinamgi (Teori). (Turk dilinda) 62 Turkiy. Jeoloji Kur. Ankara. 2009.

6. Hagverdiyev H.T. Pulse of our planet (em língua azerbaijanesa). Editora "Elm>> Baku, 1989. 170 pp.

7. Hagvrdiyev H..T. Volcanism in the geotectonic development of Lesser Caucasus (em russo). Escritório de publicação<<Shushe>> Baku, 2004. 236 pp.

8. *Belousov V.V.* Regime endógeno e magmatismo do manto (em russo). <<Geotektonika>>, 1983, No:4, 85-101 p.

9. *Bush V.A.* Transcontinental lineaments and mobility problems (em russo). <<Geotektonika>>, 1983, No:3, 14-25 p.

10. *Gzovsky M.V.* Magmatism and tectonophysical problems (em russo). Probl. Vulk, Erevan, 1959.

11. *Kashkai M.A. et al.* Dobras cruzadas (anticaucasianas) da região da Crimeia-Cáucaso (em russo). Gabinete de Publicações <<Nedra>>, Moscovo, 1967.

12. *Luchitsky I.V.* Fundamentals of paleovolcanology (em russo). Nauka, 1971, 490 pp.

13. *Maleev E.F.* Volcanoes (reference book) (em russo). Gabinete de Publicações Nedra, Moscovo, 1980, 240 pp.

14. *Milanovsky E.E.* Neotectonics of Caucasus (em russo). Editora Nauka Moscovo, 1968.

15. *Ratman A.* Volcanoes and their characteristics (em russo). Editora Nedra, 1964.

15. *Khain V.E.* Geotectónica geral (em russo). Gabinete de Publicações Nedra, Moscovo, 1973, 512 pp.

16. *Sheynmann Yu.M.* Diferencial da litosfera continental e oceânica na diferenciação da Terra (em russo). "Geotektonika" 1972, No:6, 29-44 p.

17. *Shikhalibeyli E.Sh.* Questões problemáticas sobre as propriedades da estrutura geológica e tectónica do Azerbaijão (em russo). Baku, Elm., 1996.

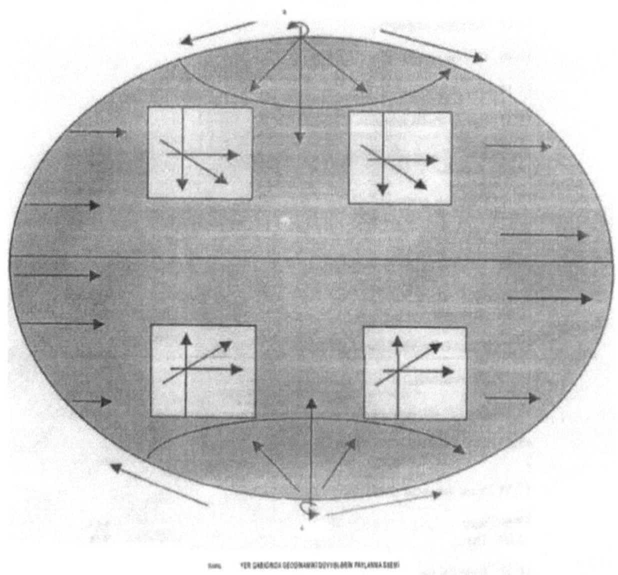

Fig. 1. Esquema da distribuição das forças geodinâmicas na superfície da Terra.

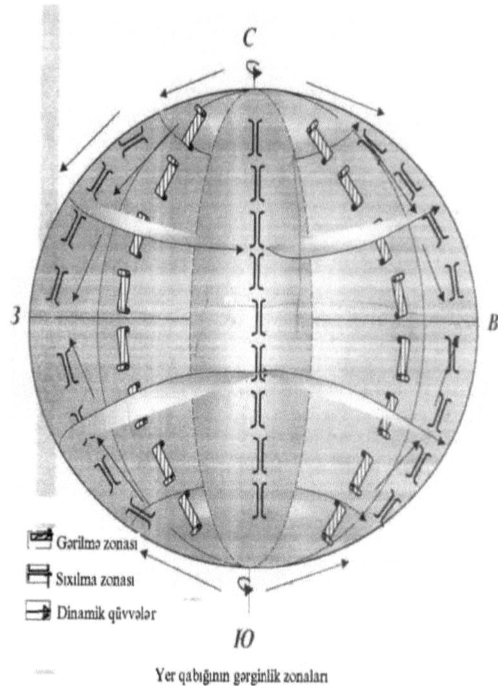

Fig. 2. Esquema da distribuição das zonas de tensão na superfície da Terra

106

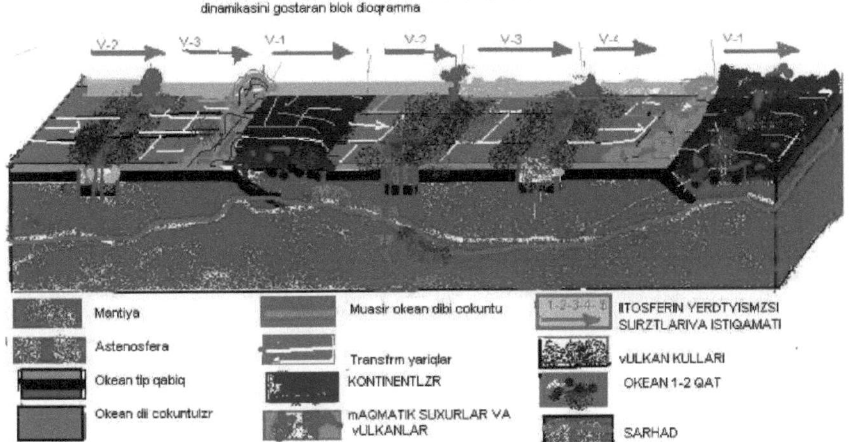

Fig. 3. Esquema da formação das zonas de subducção e de espalhamento.

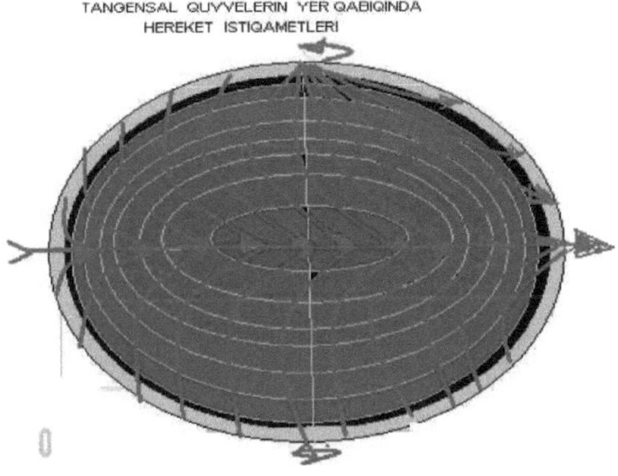

Fig. 4. Esquema da distribuição das forças tangenciais.

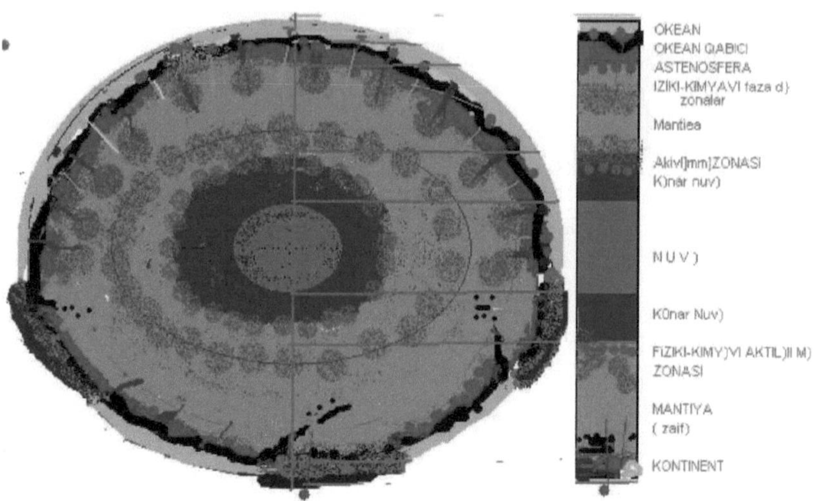

Fig. 5. A estrutura interna da Terra de acordo com as perspectivas modernas.

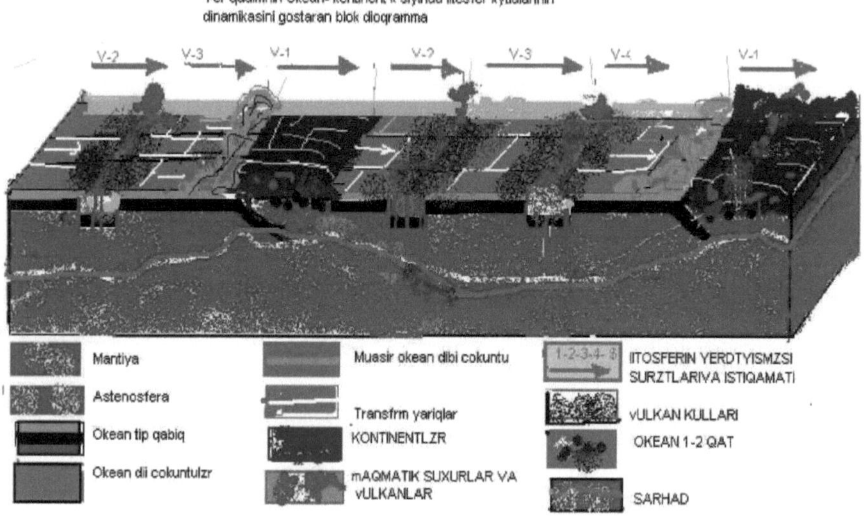

Fig. 6. Esquema detalhado da formação das zonas de expansão e subducção na perspetiva da
conceção da dinâmica da evolução da crosta terrestre (DCECE).

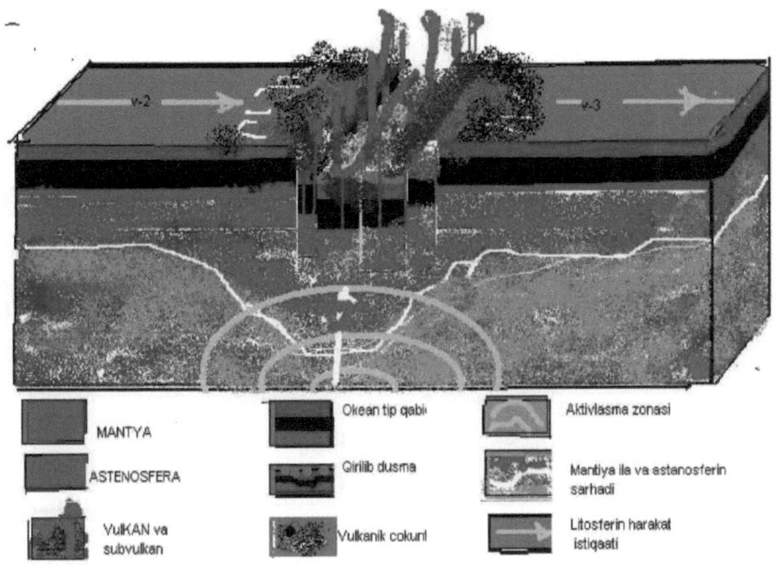

Fig. 7. Esquema pormenorizado da formação das zonas de expansão.

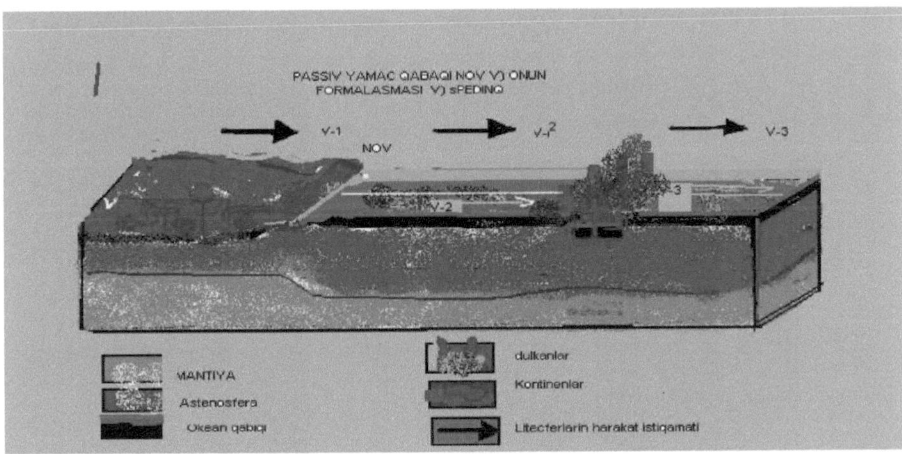

Fig. 8. Esquema da formação da trincheira e do alastramento.

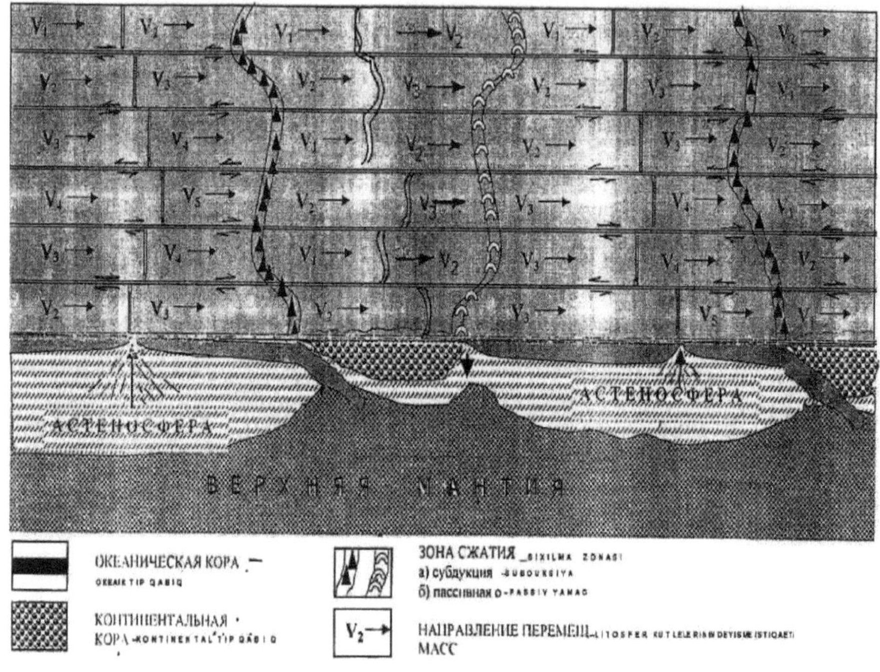

Fig. 9. Esquema do movimento das massas da litosfera.

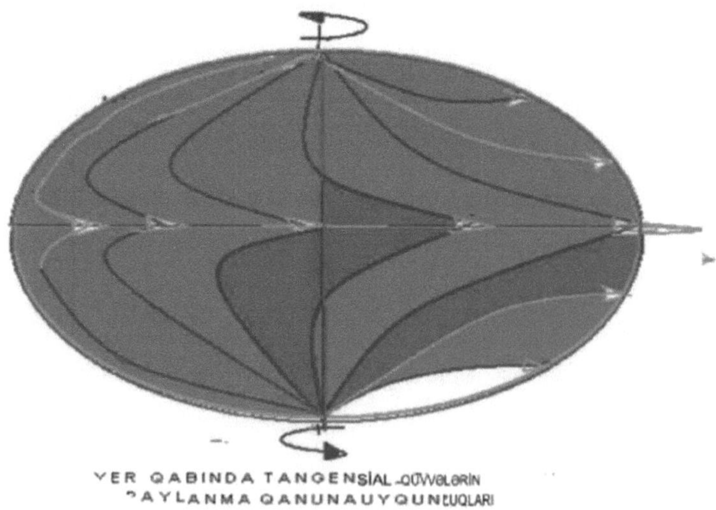

Fig.10. Esquema da distribuição das forças tangenciais na superfície da Terra.

110